T0129948

Technik im Fokus

Weitere Bände zur Reihe finden Sie unter
http://www.springer.com/series/8887

Petra Fastermann

3D-Drucken

Wie die generative Fertigungstechnik funktioniert

2., aktualisierte Auflage

 **Springer** Vieweg

Petra Fastermann
Fasterpoly GmbH
Krefeld, Deutschland

„Konzeption der Energie-Bände in der Reihe Technik im Fokus: Prof. Dr.-Ing. Viktor Wesselak, Institut für Regenerative Energiesysteme, Hochschule Nordhausen"

ISSN 2194-0770   ISSN 2194-0789 (electronic)
Technik im Fokus
ISBN 978-3-662-49865-1   ISBN 978-3-662-49866-8 (eBook)
DOI 10.1007/978-3-662-49866-8

Die Deutsche Nationalbibliothek verzeichnet diese Publikation in der Deutschen Nationalbibliografie; detaillierte bibliografische Daten sind im Internet über http://dnb.dnb.de abrufbar.

Springer Vieweg
© Springer-Verlag Berlin Heidelberg 2016

Einbandabbildung: InfObjekte, Johannes Tsopanides
Fotonachweis Umschlag: SHAPES iN PLAY, Berlin

Gedruckt auf säurefreiem und chlorfrei gebleichtem Papier.

Springer ist Teil von Springer Nature
Die eingetragene Gesellschaft ist Springer-Verlag GmbH Germany
Die Anschrift der Gesellschaft ist: Heidelberger Platz 3, 14197 Berlin, Germany

Vorwort zur 2. Auflage

In der letzten Zeit hat sich das 3D-Drucken so sehr weiterverbreitet, dass die Technologie zunehmend zum Mainstream geworden ist. Zwischen der vorliegenden und der ersten Auflage des Buches liegen drei Jahre, in denen sich der 3D-Druck in den Verfahren, der Anwendung und der Software in allen Bereichen stark weiterentwickelt hat.

Inzwischen wird sogar der 3D-Druck mit Elektronik für die Massentauglichkeit denkbar. Das 3D-Drucken mit Metall ist in der Industrie längst selbstverständlich geworden und wird von einigen Dienstleistern auch für Privatanwender angeboten. Zudem werden mehr und mehr Verfahren entwickelt, die das 3D-Drucken beschleunigen und schon heute eine Serienfertigung von Teilen ermöglichen.

In der Medizintechnik wird das 3D-Drucken von Organen in greifbare Nähe gerückt. Auch der 3D-Druck von so genannten „smarten" Textilien ist ein Trend. Durch 3D-Druck wird speziell auf den Träger zugeschnittene Kleidung möglich, die individualisierte zusätzliche Funktionen bieten kann – so zum Beispiel die Messung von Körperfunktionen. Die ersten individuellen Laufschuhe aus dem 3D-Drucker werden bereits angeboten, und dieser Trend wird sich fortsetzen. Für den Arbeitsschutz ebenso wie für das Militär wird 3D-Druck bei der Ausrüstung immer interessanter. Mittlerweile ist es möglich, mit mehreren Farben und mehreren Kunststoffen gleichzeitig zu drucken. Das Drucken mit verschiedenen Kunststoffmaterialien erlaubt unterschiedliche Härtegrade: von weich wie Gummi bis hart wie Keramik.

Bald wird es noch mehr Maschinen geben, die als Multifunktionsgeräte arbeiten können. Das bedeutet, dass diese Maschinen nicht nur 3D-drucken, sondern gleichzeitig auch Laserschneiden und CNC-Fräsen oder dass sie das Scannen und Drucken in einem einzigen Gerät – dem 3D-Kopierer – vereinen.

Dieses Buch ist in seiner zweiten Auflage komplett aktualisiert worden und geht auf die neuen Entwicklungen ein. Zudem wurde es um einen besonders wichtigen Themenbereich erweitert: den 3D-Druck in der Bildung, der am Beispiel von Datenskulpturen dargestellt wird.

Mein Dank geht wiederum an Frau Kollmar-Thoni und Frau Hestermann-Beyerle vom Springer-Verlag für die gute Zusammenarbeit.

Krefeld-Uerdingen, im Herbst 2016   Petra Fastermann

Vorwort

Dieses Buch soll jedem, der schon einmal von 3D-Druck gehört hat, kurz und knapp eine Einführung in diese auch Privatpersonen immer zugänglichere Zukunftstechnologie geben. Es hat vor allem das Ziel, die Leserinnen und Leser dazu anzuregen, sich weiter mit 3D-Druck zu beschäftigen. Vorkenntnisse werden zum Verständnis nicht benötigt. Es reicht aus, wenn Sie sich für das Thema interessieren. Das Buch bietet umfassende Erklärungen der Technologie. Gleichzeitig soll es Denkanstöße und Ideen vermitteln.

Die Lektüre versetzt Sie in den Stand, die Grundlagen der Technik zu verstehen und – im Idealfall – 3D-Druck selbst praktisch anzuwenden. Als Privatperson sollen Sie sich dazu ermutigt fühlen, meinen Vorschlägen zu folgen und selbst eine kostenlose Software auszuprobieren oder möglicherweise sogar in einem FabLab einen 3D-Drucker zu nutzen. Schließlich gibt es auch noch Ratschläge dazu, wie Sie am besten vorgehen, wenn Sie einen 3D-Drucker erwerben möchten.

Was bedeutet 3D-Druck für den Einzelnen? Welche gesellschaftlichen und wirtschaftlichen Veränderungen – zum Beispiel in der Medizintechnik oder der Industrie – wird es durch diese Zukunftstechnologie geben? Diese Fragen möchte ich mit dem Buch beantworten. Zusätzlich soll es ein kompaktes Grundlagenwerk sein, das auch Tipps und Hinweise auf weiterführende Werke und Möglichkeiten gibt, die Sie sich über das Ihnen mit dem Buch vermittelte Basiswissen hinaus selbst erschließen können.

Dieses kleine Werk ist eine komprimierte Zusammenfassung eines sehr komplexen Themas: Anders als bei vielen nur auf Technik konzentrierten Büchern werden darin auch die gesellschaftlichen Einflüsse des 3D-Drucks sowie Trends und Zukunftsperspektiven behandelt. Ich versuche, mit einem aktuellen Bezug einen Gesamtzusammenhang herzustellen.

Mein besonderer Dank gilt Edward von Flottwell, der mich mit seinem Rat und seiner konstruktiven Kritik bei diesem Buch unterstützt hat.

Vielen Dank an den Springer-Verlag, insbesondere an Frau Hestermann-Beyerle und Frau Kollmar-Thoni, für die außerordentlich gute Zusammenarbeit.

Krefeld-Uerdingen, im Herbst 2013   Petra Fastermann

Inhaltsverzeichnis

Einleitung: 3D-Druck als neue industrielle Revolution?

1

1.1 Eine revolutionäre Technologie – oder nicht?

Enthusiastisch wird 3D-Druck in den Medien als Teil einer neuen industriellen Revolution beschrieben. Gern wird diese Zukunftstechnologie mit der industriellen Revolution des ausgehenden 18. Jahrhunderts verglichen, bei welcher sich Wirtschaft und Gesellschaft durch die Möglichkeit der Massenproduktion von Produkten grundlegend veränderten. 3D-Druck könnte dazu beitragen, eine neue industrielle Revolution einzuleiten: Dadurch, dass die Massenproduktion individualisiert wird.

Das Wort von der „Revolution" im Zusammenhang mit 3D-Druck ist inzwischen überall zu lesen. Viele, insbesondere auch Wissenschaftler, halten das für übertrieben. Manchmal wird mittlerweile die „Revolution" in Frage gestellt und eher verhalten von einer „Evolution" gesprochen [1].

Handelt es sich bei 3D-Druck um eine revolutionäre Technologie oder ist die Bezeichnung zu viel Ehre für etwas, das möglicherweise nicht mehr als eine technische Weiterentwicklung ist? „Revolution" ist sicher ein Schlagwort, aber wer ein prägnantes Schlagwort nutzen möchte, beschreibt 3D-Druck meiner Einschätzung nach damit zutreffender als mit der Bezeichnung „Evolution".

Das Revolutionäre an der Zukunftstechnologie 3D-Druck ist zunächst einmal, dass sie es jedem Einzelnen ermöglicht, sowohl Entwickler als auch zugleich Produzent zu werden. Wer eine Idee hat, kann diese unmit-

© Springer-Verlag Berlin Heidelberg 2016, P. Fastermann, *3D-Drucken*, Technik im Fokus, DOI 10.1007/978-3-662-49866-8_1

telbar in ein gedrucktes Objekt umsetzen. 3D-Druck-Dienstleister oder kleine, einfache, aber erschwingliche 3D-Drucker für den Hausgebrauch machen das möglich. Einige Experten rechnen sogar damit, dass 3D-Druck den Welthandel und die Wirtschaftskreisläufe verändern könnte: Dadurch, dass Konsumenten Produkte mittels 3D-Druck selbst herstellen, würden Produktionsprozesse in ihre jeweiligen Verbrauchsländer zurückkehren.

Ähnlich den Computern in den späten siebziger Jahren des vergangenen Jahrhunderts ist 3D-Druck bisher nicht Mainstream. Während aber die Technologie stetig besser wird und gleichzeitig die Kosten dafür immer geringer, wird es für Privatpersonen zunehmend realistischer und attraktiver, sich einen eigenen 3D-Drucker zu kaufen. Der Preis für einen einfachen 3D-Drucker ist, gemessen an der Kaufkraft, mittlerweile erheblich geringer als der für einen Laser-Drucker im Jahr 1985.

Das US-amerikanische Marktforschungs- und Beratungsunternehmen IDC (International Data Corporation) erwartet für den Zeitraum von 2016 bis 2019 eine jährliche Wachstumsrate der weltweiten 3D-Druck-Industrie von 27 %. Insbesondere wird mit einem Wachstum in Westeuropa, Asien und den USA gerechnet [2].

Das internationale Marktforschungsunternehmen Technavio (mit Hauptsitz in Großbritannien) prognostiziert nach wie vor ein hohes Wachstum beim Verkauf von 3D-Druckern bis zum Jahr 2020. Nach Erkenntnissen von Technavio Research betrifft das sowohl den privaten wie auch den gewerblichen und industriellen Bereich. Insbesondere wird erwartet, dass die Preise für 3D-Drucker für Privatanwender in der Zukunft noch weiter stark sinken werden. Prognostiziert wird, dass das Wachstum von verkauften 3D-Druckern bis 2020 auf dem Markt für Privatanwender 56 % pro Jahr betragen wird [3].

Eines ist jetzt schon sicher: Wer heute geboren wird, wird mit der Technologie des 3D-Drucks als Selbstverständlichkeit aufwachsen. Genauso, wie vermutlich der überwiegende Teil der Leserinnen und Leser dieses Buchs mit Computern als Selbstverständlichkeit groß geworden ist.

1.2   Was verbessert werden sollte

1.2.1   3D-Drucker für Privathaushalte sollten anwenderfreundlicher sein

Das eine der beiden Dinge, die meiner Einschätzung nach stark verbessert werden müssen: Die für Privatanwender gedachten 3D-Drucker sollten anwenderfreundlicher werden, um für mehr Personen nutzbar zu sein. Die Qualität der Objekte, die aus den preiswerten Maschinen kommen, muss ebenfalls weiter optimiert werden. Die Anwendung darf kein aufwendiges Tüfteln und Basteln mehr erfordern, um den 3D-Drucker in den Stand zu versetzen, Bauteile von hoher Qualität zu erzeugen. Die Weiterentwicklung in diesem Bereich ist rasant. Dadurch, dass im Jahr 2014 Patente für das Lasersinter-Verfahren ausgelaufen sind, kann die Weiterentwicklung der 3D-Drucker noch schneller vorangetrieben werden. Das Lasersinter-Verfahren ist eine 3D-Druck-Technologie, die es ermöglicht, Objekte in hoher Qualität herzustellen, aber bisher wegen des Patentschutzes überwiegend professionellen Industrie-Anlagen vorbehalten war. Es wird damit gerechnet, dass gerade für Privatanwender deshalb bald noch mehr erschwingliche 3D-Drucker auf den Markt gebracht werden, welche Ergebnisse von erheblich höherer Qualität als zuvor erzeugen. Hinzu kommt, dass mit dem Lasersinter-Verfahren sehr häufig nicht nur Prototypen, sondern Endprodukte hergestellt werden. Der Grund dafür ist, dass diese Technologie es ermöglicht, nicht nur mit Kunststoffen, sondern auch mit Keramik und Metall zu drucken. Die gegenwärtigen 3D-Drucker, die für Privatanwender im Handel sind, drucken überwiegend mit Kunststoffen. Wünschenswert wäre es sicher für viele Privatanwender auch, wenn es einfacher und kostengünstiger würde, mehrfarbig zu drucken.

1.2.2   Für die Industrie muss das 3D-Drucken schneller werden

Das zweite, was sehr verbesserungswürdig ist: Für die Industrie ist von Bedeutung, dass langfristig die 3D-Druck-Anlagen erheblich schneller drucken können. Der sehr langsame Aufbau von Bauteilen verhindert derzeit noch, dass die Technologie sich für die Massenproduktion eignet. Zudem sind die Bauräume vieler 3D-Druck-Anlagen zu klein, um größere Objekte damit in einem Stück herzustellen. Endlosdrucker mit sehr großen Bauräumen wie der von der Firma Voxeljet entwickelte Endlos-3D-Drucker VXC800 müssten Standard werden: Dieser Endlosdrucker – in Abb. 1.1 dargestellt – baut und entpackt parallel.

Weil sein ungenutztes Partikelmaterial unmittelbar aus dem Entpackbereich in die Bauzone zurückgeführt wird, bleiben die Betriebskosten gering. Für die Industrie wäre es ein großer Durchbruch, wenn die 3D-Drucker kontinuierlich arbeiten könnten und der Workflow nicht durch Entladevorgänge unterbrochen würde. Außerdem müssten die Bau-Materialien billiger werden. Bei geringen Stückzahlen – seien dies Implantate, Prothesen oder auch im Handel nicht mehr erhältliche Ersatzteile – ist 3D-Druck jedoch schon jetzt von keiner anderen Technologie mehr zu übertreffen.

Abb. 1.1 Der Endlos-3D-Drucker VXC800 druckt und entpackt parallel (Voxeljet)

1.3 Überwältigende Entwicklungen

Bahnbrechende Entwicklungen sind auf nahezu allen Gebieten zu erwarten und werden teilweise schon praktisch verwirklicht. Aus der Medizintechnik ist 3D-Druck heute nicht mehr wegzudenken – ganz gleich, ob es sich um Zahnersatz, Hörgeräte oder Gelenk-Implantate handelt. Zukunftsvisionen sind, dass eines Tages funktionstüchtige, dem Menschen implantierbare Organe 3D-gedruckt werden können. Auch in der Luft- und Raumfahrt, der Automobilindustrie, der Architektur und der Elektrotechnik ist 3D-Druck inzwischen unverzichtbar. Mit sehr großen 3D-Druckern lassen sich bereits jetzt in kürzester Zeit ganze Gebäude errichten. Die Raumfahrtorganisationen NASA und ESA planen, langfristig und im großen Rahmen auf dem Mond zu drucken. Bereits im Jahr 2014 schickte die NASA in Kooperation mit Made in Space einen ersten 3D-Drucker zur internationalen Raumstation ISS. Die Möglichkeiten, die 3D-Druck in den nächsten Jahren bieten wird, sind ebenso außerordentlich wie vielfältig. Ihr Ausmaß und ihr Einfluss werden rapide zunehmen.

Der nächste große Schritt wird sein, serienmäßig 3D-Druck mit Elektronik zu kombinieren. Das bedeutet, dass elektronische Schaltungen auf verschiedenste Materialien aufgedruckt werden könnten. Individualisierte Handys könnten damit zukünftig komplett aus dem 3D-Drucker kommen. Die Produktion würde dadurch zusätzlich beschleunigt, dass für die Herstellung des gesamten Produkts weniger Arbeitsschritte als jetzt notwendig wären.

Aus dem Bereich der Medizintechnik kommen nahezu wöchentlich neue Erfolgsmeldungen zu 3D-Druck. Wissenschaftliche Teams experimentieren mit dem 3D-Druck mit Stammzellen. Nicht allein ermöglicht dies die Herstellung von menschlichem Gewebe, an welchem neue Arzneimittel für den Menschen getestet werden können. In der Zukunft soll es möglich werden, mit dieser Technologie 3D-gedruckte Organe herzustellen, die in den menschlichen Körper implantierbar wären. Es ist gegenwärtig nahezu unvorstellbar, dass eines Tages niemand mehr auf eine Organspende warten müsste.

Ende der sechziger Jahre des vergangenen Jahrhunderts landete zum ersten Mal ein Mensch auf dem Mond. Bald soll auf dem Mond 3Dgedruckt werden. Muss auf dem Mond 3D-gedruckt werden? Diese Frage wird sich jeder Leser und jede Leserin selbst beantworten. Aber wenn nicht das sich in Planung befindende, mit ersten Versuchen als möglich bestätigte 3D-Drucken auf dem Mond revolutionär ist: Was muss eine Technologie dann noch leisten können, um als Teil einer industriellen Revolution zu gelten?

Dieses Buch soll Ihnen einen Einblick dazu vermitteln, wie 3D-Druck funktioniert und welche verschiedenen Technologien es gibt, die unter dem Begriff zusammengefasst werden. Ich zeige Ihnen auf, was mit dieser Zukunftstechnologie jetzt bereits möglich ist und gebe einen Ausblick darauf, was Sie noch erwarten können. Vor allem aber soll das Buch Ihnen zeigen, wie diese Technologie Ihnen nützen kann – als Privatperson und möglicherweise sogar bald als Anwender.

Literatur

1. www.handelsblatt.com/technologie/it-tk/it-internet/3d-druck-die-revolution-wird-abgeblasen/7817508.html
2. www.3d-grenzenlos.de/magazin/marktforschung/idc-marktstudie-bis-2019-27153113.html
3. www.3d-grenzenlos.de/magazin/marktforschung/marktentwicklung-3d-drucker-bis-2020-27159433.html

Jeder kann Erfinder und Entwickler werden

2

Zusammenfassung

Mit früher nicht gegebenen Möglichkeiten ausgestattet, könnten Einzelpersonen mit guten Ideen in der Zukunft sogar großen Unternehmen zur ernsthaften Konkurrenz werden. Jeder kann den Zeitpunkt, zu welchem er sein 3D-gedrucktes Produkt anbietet, die Qualität sowie den Preis selbst bestimmen. Das wird durch die Vernetzung im Internet, Online-Plattformen und soziale Netzwerke immer einfacher. Open Source, Crowdsourcing, Crowdfunding – das heißt alles, was zum Machen, Produzieren, Austauschen und Verkaufen nützlich ist – tragen dazu bei, dass Individuen als Erfinder und zugleich Hersteller erfolgreich werden können.

2.1 Selbst Hersteller werden

Schon jetzt haben Sie, wenn Sie ein 3D-CAD-Modell erstellen oder im Internet erwerben, die Möglichkeit, selbst Objekte zu produzieren. Das bedeutet, dass Sie Erfinder, Entwickler und schließlich sogar Hersteller werden können. Vom Erfinder zum Unternehmer ist es mit 3D-Druck oft nur noch ein kleiner Schritt.

Die 3D-Druck-Technologie verringert einstige Hindernisse für die Herstellung und fördert gleichzeitig Innovationen. Wenn Sie ein Modell

© Springer-Verlag Berlin Heidelberg 2016, P. Fastermann, *3D-Drucken*, Technik im Fokus, DOI 10.1007/978-3-662-49866-8_2

auf Ihrem Computer entwickeln, können Sie daraus ein Objekt fertigen lassen, ganz ohne auf herkömmliche Produktionsverfahren angewiesen zu sein. Jeder hat die Möglichkeit, sich seine Prototypen ausdrucken zu lassen und anschließend zu prüfen, ob es einen Markt für das Produkt gibt. Falls erforderlich, können die Prototypen verbessert und erneut ausgedruckt werden. Wenn ein Fehler in der Konstruktion frühzeitig erkannt wird, verursacht er keine hohen Kosten. Private Erfinder, welche die Funktionsfähigkeit ihrer Erfindung überprüfen möchten, sind nicht mehr gezwungen, große Investitionen zu tätigen.

Neue Produkte herzustellen ist mit 3D-Druck sowohl preiswerter als auch risikofreier geworden – verglichen mit vielen herkömmlichen Herstellungsmethoden. Das kann insbesondere Start-ups und Investoren zu zuvor nicht gekannten Möglichkeiten verhelfen und ihnen gleichzeitig den Markteintritt stark erleichtern.

Bei der Produktentwicklung ermöglicht die 3D-Druck-Technologie im Vergleich zu früheren Fertigungstechniken einen sehr großen Zeitgewinn. Ein Produkt kann mit 3D-Druck viel schneller als vor einigen Jahren auf den Markt gebracht werden. Den Nutzern der Technologie verschafft dies Wettbewerbsvorteile.

Entwickler und Designer erhalten durch 3D-Druck ohne hohe Kosten die Möglichkeit, Kunden die unterschiedlichsten Entwürfe vorzustellen. Nicht unerwähnt bleiben darf die durch 3D-Druck preiswert gewordene Herstellung von Nullserien, die es ermöglicht, den Markt zu analysieren. Oder auch von Kleinserien als Endprodukt. So zum Beispiel nimmt die Produktion von Kleinserien im Modellbau-Bereich stetig zu. 3D-gedruckte Objekte, die direkt als Endprodukte verkauft werden, finden ständig größere Verbreitung. Das US-amerikanische Beratungsunternehmen Wohlers Associates ging schon 2012 davon aus, dass bis zum Jahr 2020 mehr als 80 % der mit 3D-Druckern produzierten Objekte nicht mehr Prototypen, sondern Endprodukte sein werden.

Schließlich kann jeder, der Lust dazu hat, sein eigenes Modell konstruieren und sich dreidimensional ausdrucken lassen. Wer eine Idee hat, benötigt kaum handwerkliche Fähigkeiten, um seinen Einfall umzusetzen. So wird bald die selbst designte Handyhülle, der individuelle Schmuck oder das außergewöhnliche Modellauto alltäglich sein. Ein ständig stärker werdender Wettbewerb unter den 3D-Druck-Dienstleistern schafft für Privatkunden ein fast monatlich at-

traktiver werdendes Angebot: Zu sinkenden Preisen wird in allen
möglichen Verfahren in immer besser werdender Druck-Qualität produziert. Gleichzeitig wächst die Auswahl an 3D-Druck-Materialien,
die Dienstleister-Plattformen werden zunehmend anwenderfreundlicher und die Lieferzeiten der 3D-Druck-Dienstleister kontinuierlich
kürzer.

Neben den zahlreichen 3D-Druck-Dienstleistern tragen kostenlose
und intuitiv bedienbare 3D-CAD-Programme dazu bei, dass der Weg
von der Idee zum individuellen 3D-gedruckten Produkt erleichtert wird.
Der Spaßfaktor in Foren, Tauschbörsen, Online Communities und auf
Plattformen beschleunigt zusätzlich die Verbreitung von 3D-Druck unter
Privatpersonen.

Wie Sie sehr einfach und ohne hohen Kostenaufwand Ihre eigenen
3D-gedruckten Produkte in einem Shop anbieten können, erläutere ich
in einem späteren Kapitel. Zuvor aber möchte ich Ihnen erklären, wie
3D-Druck funktioniert und wie Sie selbst Modelle erzeugen.

Was ist 3D-Druck? 3

Zusammenfassung

3D-Druck ist ein Fertigungsverfahren zur schnellen und – im Verhältnis zu vielen anderen Verfahren – preisgünstigen Herstellung von Modellen, Mustern, Prototypen, Werkzeugen und Endprodukten. Grundlage für den Druck sind 3D-CAD-Modelle. 3D-Druck wird als *generatives Fertigungsverfahren* bezeichnet. Das bedeutet, dass die Fertigung direkt auf der Basis der rechnerinternen Datenmodelle erfolgt. Oft ist auch von *Rapid Prototyping* oder *Additive Manufacturing* die Rede, wenn es um 3D-Druck geht. Viele Herstellungsverfahren, beispielsweise das Fräsen, entfernen Material beim Bau des Objekts. Sie sind deshalb *subtraktive Herstellungsverfahren*. Beim 3D-Druck wird nicht aus dem Material entfernt, was nicht zum Bauteil gehört. Genau umgekehrt wird das Stück aus vorher flüssigem oder pulverartigem Material im Schichtbauverfahren aufgebaut. Damit ist 3D-Druck ein *additives Herstellungsverfahren*. Daher erklärt sich auch die oft verwendete englische Bezeichnung *Additive Manufacturing – Additive Fertigung* – für die Technologie: Beim 3D-Druck wird additiv hergestellt. Das heißt, Schicht für Schicht wird Material zu einem Objekt aufgebaut. In diesem Kapitel wird an einem Beispiel das Verfahren erläutert, wie ein 3D-Bauteil entsteht – und was dabei zu beachten ist, damit es in optimaler Qualität gedruckt wird.

© Springer-Verlag Berlin Heidelberg 2016, P. Fastermann, *3D-Drucken*, Technik im Fokus, 11
DOI 10.1007/978-3-662-49866-8_3

3.1 3D-Druck – was man als Anwender wissen muss

Unter 3D-Druck werden mittlerweile sehr viele unterschiedliche Herstellungstechnologien zusammengefasst – sei dies *Lasersintern* oder *Stereolithografie*. In Kap. 5 werden die verschiedenen Technologien mit den dazugehörenden Materialien detailliert vorgestellt. Das Grundprinzip bei diesen Fertigungsverfahren ist immer gleich: Es wird in Schichten aufgebaut. Dadurch sind nahezu beliebige Formen möglich. Hinterschneidungen oder Ausformbarkeit wie beim Resin- oder Spritzguss müssen bei der Konstruktion nicht berücksichtigt werden. Die Materialien, aus denen der Baukörper aufgebaut wird, können sehr unterschiedlich sein. Neben Kunststoffen sind auch Metalle oder Papier möglich. Allen Verfahren ist gemeinsam, dass die Schichten entweder durch Verkleben oder Verschweißen auf die vorhergehende Schicht aufgebracht werden. Bei vielen Technologien wird überschüssiges Baumaterial wiederverwendet.

Basis für einen 3D-Druck ist eine 3D-CAD-Datei. Nicht zuletzt wird die Technologie auch deshalb als *Digital Fabrication* bezeichnet, weil das Modell digital vorliegen muss. Dieses kann entweder eine Konstruktion sein, die mit Hilfe eines 3D-Design-Programms gezeichnet wurde, oder ein 3D-Scan. In Abb. 3.1 sehen Sie ein Beispiel für eine 3D-CAD-Konstruktion.

Wichtig ist, dass es sich um ein *3D-CAD-Volumenmodell* handelt, bei welchem sowohl Höhe als auch Tiefe und Breite definiert sind. Eine reine Linienzeichnung oder ein Foto reichen nicht aus. Bevor Sie drucken, sollten Sie darauf achten, dass das Modell eine geschlossene Hülle hat und damit ein *wasserdichtes Modell* ist. Sinnvoll ist es außerdem, eine gewisse Mindestdicke für die Wände einzuhalten, damit das gedruckte Objekt sich nicht so leicht verbiegt. Die Mindestdicke ist von der Größe des Modells abhängig. Aber mit einem Richtwert von einem Millimeter für die Wandstärke liegen Sie in der Regel richtig.

▶ **Definition: Volumenmodell – wasserdichtes Modell** Es kommt vor, dass 3D-Modelle im Internet erworben werden – und erst beim 3D-Druck-Dienstleister stellt sich zum Ärger ihrer Käufer heraus, dass diese sich nicht als Bauteile drucken lassen. Der Grund kann darin liegen, dass sie nur aus Hüllen bestehen, aber keine Volumenmodelle sind. Natürlich

Abb. 3.1 Beispiel für ein
3D-CAD-Volumenmodell
(Fasterpoly)

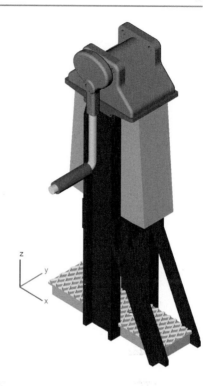

hat auch jedes Volumenmodell eine Hülle. Jedoch ist die Hülle eines
Volumenmodells geschlossen und hat keine Löcher. Stellen Sie sich am
einfachsten eine Hülle, die kein Volumenmodell ist, so vor: Das wäre
wie ein gewöhnlicher Pullover – mit Löchern für den Hals, die Hüfte
und die Arme. Dieser offene Pullover ließe sich auch nicht mit Wasser
füllen. Das Prinzip müssen Sie jetzt auf einen 3D-Drucker übertragen:
Er füllt die Hülle mit Druckmaterial. Deshalb wird beim 3D-Druck von
einem „wasserdichten Modell" gesprochen. Ganz gleichgültig, wie Sie
das gefüllte Modell drehen: Es darf nichts auslaufen. Übrigens reichen
solche Modelle, die nur aus Hüllen bestehen, aber kein Volumen haben, als animierte Figuren für Filme oder Computerspiele vollkommen
aus. Wenn Sie dreidimensional drucken möchten, sind Volumenmodelle
jedoch eine Grundvoraussetzung.

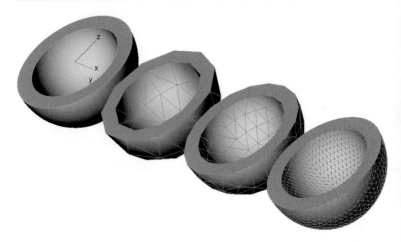

Abb. 3.2 Die STL-Datei wird in Dreiecksflächen zerlegt – das kann in unterschied-
lichster Auflösung sein (Fasterpoly)

Um 3D-drucken zu können, muss die Datei – egal ob 3D-Zeichnung
oder 3D-Scan – in ein Netz aus Dreiecksflächen umgewandelt und
als STL-Datei exportiert werden. Mit dem STL-Format liegen Sie
immer richtig, weil es als Format das gängigste ist, das Ihnen jeder
Dienstleister ausdrucken kann. Außerdem gibt es für das STL-Format
kostenlose Reparaturprogramme. Aber dazu später mehr. Je feiner das
Netz aus Dreiecksflächen ist, desto genauer ist die Beschreibung der
Datei und desto höher ist die Auflösung – und schließlich die Qualität
beim Druck. Allerdings: Je mehr Dreiecksflächen verwendet werden,
desto größer wird auch die Datei. Abb. 3.2 zeigt, wie die Oberflächen
der Modelle in unterschiedlicher Auflösung in kleine Dreiecke zerlegt
sind.

▶   **Wichtig** Neben dem STL-Exportformat gibt es noch zahlreiche
     andere Formate, in die Sie aus dem CAD-Programm exportie-
     ren können. So sind IGES und STEP in der Industrie sehr weit
     verbreitet. IGES und STEP ermöglichen es, beliebig gekrümmte
     Oberflächen in jeder Skalierung gleich gut darzustellen. Dazu
     werden die Oberflächen mit mathematischen Funktionen, zum

Beispiel Splines, beschrieben. So werden selbst bei starker Vergrößerung keine Unstetigkeiten sichtbar. Weitere Export-Formate sind zum Beispiel OBJ, DXF, DWG, WRL und VRML.

3.2   Eine Datei auf Druckbarkeit prüfen

Wenn Sie jetzt das Objekt in das STL-Format exportiert haben, sind Sie bereits einen großen Schritt weiter. Trotzdem sollten Sie mit einer Reparatursoftware noch einmal überprüfen, ob Ihr Modell druckbar ist. Wasserdicht muss es sein – das wissen Sie schon. Was aber kann noch dazu beitragen, dass eine Datei sich nicht drucken lässt?

Es ist möglich, dass eine an sich ordentlich aussehende 3D-Datei, die Sie selbst erzeugt haben, sich plötzlich als nicht druckbar oder nur sehr fehlerhaft druckbar herausstellt. Das liegt daran, dass durch den Export in eine STL-Datei aus den verschiedenen 3D-CAD-Programmen Fehler entstehen können. Manchmal lässt sich als Ursache eine mangelhafte Exportschnittstelle der benutzten CAD-Software identifizieren. Es lässt sich aber auch nicht ausschließen, dass das ursprüngliche Modell schon Fehler hatte, die sich erst beim Export der Datei zeigen.

Gelegentlich kann es beim Export aus einem CAD-Programm in das STL-Format geschehen, dass versehentlich in Zoll statt in Millimetern exportiert wird. So ist das Modell am Ende viel kleiner, als es eigentlich sein sollte. Häufig werden solche Fehler beim Exportieren zunächst nicht bemerkt. Eine Kontrolle der Außenabmessungen in einer Reparatursoftware deckt solche Fehler auf.

Außerdem müssen die 3D-Modelle vor dem Druck in Normalenvektoren eingeteilt werden. Ein Normalenvektor dient dazu, zu ermitteln, welche Seite der Fläche nach innen bzw. nach außen zeigt. Eine falsch orientierte Fläche kann man sich wie ein auf links gedrehtes Kleidungsstück vorstellen. Falsch orientierte Normalen können der Grund dafür sein, dass ein Modell sich nicht drucken lässt, da die Drucksoftware nicht entscheiden kann, wo innen und außen ist.

Um Modelle auf ihre 3D-Druckbarkeit überprüfen zu können, wird deshalb Reparatursoftware benötigt. Es gibt kostenlose und kostenpflichtige. Ich möchte hier netfabb vorstellen, weil ich die Software selbst benutze. Es gibt von netfabb eine kostenlose und mehrere kostenpflich-

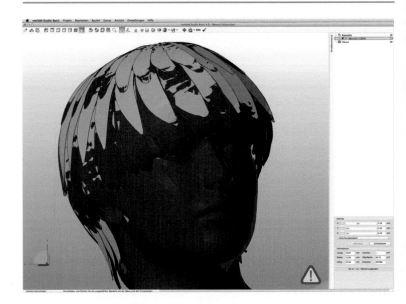

Abb. 3.3 Mit der Reparatursoftware netfabb Studio Basic lassen sich schnell Fehler in der Datei ermitteln und beheben (Fasterpoly)

tige Varianten. Die kostenlose Version netfabb Studio Basic ist schon sehr hilfreich und lässt sich im Internet herunterladen. Mit der Software können Sie Ihre STL-Dateien auf Druckbarkeit überprüfen. Das Prüfprogramm ist sehr intuitiv und kann – unter anderem – wasserdichte Objekte erzeugen sowie defekte Oberflächenvernetzungen reparieren. Der Nachteil: Mit der Kostenlos-Variante lassen sich zwar einige Formate importieren, aber möglicherweise fehlt gerade das eine, das Sie benötigen. Neben STL ermöglicht netfabb Studio Basic den Import der Formate X3D, WRL, GTS, CLI, SLI, SLC, SSL, CLS und G-Code. Wer sich entscheidet, professionell mit CAD-Design zu arbeiten, erwirbt nach einiger Zeit vielleicht doch eine professionelle Variante. Im Beispiel in Abb. 3.3 zeigt die Reparatursoftware mit dem Achtungssymbol an, dass die Datei fehlerhaft ist. Das Gesicht und ein Teil der Haare sind falsch orientiert. Das bedeutet, dass die Innen- und die Außenseite der Dreiecke vertauscht sind. Mit der Reparaturfunktion von netfabb

Studio Basic lassen sich solche Fehler meist mit wenigen Mausklicks beheben.

Falls Ihre Datei sofort druckbar ist oder Sie diese repariert haben, können Sie sie entweder auf dem eigenen 3D-Drucker ausdrucken oder zum 3D-Druck-Dienstleister schicken. Übrigens empfiehlt es sich immer, die „schöne" Seite eines Modells mit der Ausrichtung nach oben zu drucken. Das gilt für fast alle Druckverfahren, wenn Sie das optimale Ergebnis erzielen wollen.

▶   **Wichtig** Über den Link zu netfabb erfahren Sie einiges Nützliches und Wissenswertes über die Reparatursoftware: www.netfabb. com

3.3   Der 3D-Druckvorgang, erklärt am Beispiel des PolyJet-Verfahrens

3.3.1   Das 3D-Drucken

Es gibt die verschiedensten 3D-Druck-Verfahren, denen wegen ihrer großen Menge mit Kap. 5 ein eigenes und ausführliches Kapitel folgen wird. Grundsätzlich funktionieren alle 3D-Druck-Technologien gleich, weil immer in Schichten aufgebaut wird. Ich erläutere Ihnen hier das PolyJet-Verfahren, weil ich damit selbst viele Bauteile produziert habe.

Das PolyJet-Verfahren eignet sich besonders gut für kleine, filigrane Bauteile, die in einer hohen Auflösung gedruckt werden sollen. Für den Modellbau-Bereich wird deshalb sehr gern und sehr viel damit produziert. Abb. 3.4 zeigt eine im Maßstab 1:160 gedruckte Mülltonne für eine Modellbau-Anlage.

Ein flüssiger Kunststoff ist das Bau-Material, das sauber und dicht in einer Kartusche verschlossen in die Maschine eingeführt wird. Aus diesem entsteht, Schicht für Schicht, ein Objekt auf der Bauplattform. Der im PolyJet-Verfahren arbeitende 3D-Drucker verfügt über zwei Druckköpfe. Aus dem einen wird das Bau-, aus dem anderen das *Stützmaterial* (auch als *Support-Material* geläufig) auf die Druckplattform aufgespritzt. Schichtweise entstehen so die Konturen des Bauteils. Nach jeder

Abb. 3.4 Wie im Größen-
vergleich zu erkennen, ist
die Mülltonne winzig. Im
PolyJet-Verfahren wurde sie
in zwei Teilen (mit Deckel)
in Schwarz gedruckt (Fasterpoly)

gedruckten Schicht wird die Bauplattform um eine Schichtstärke abgesenkt.

Der Kunststoff ist dickflüssig und wird mit Druckköpfen, die sich mit
denen eines Tintenstrahldruckers vergleichen lassen, tröpfchenweise auf
die darunter liegende Schicht in so genannten Voxeln aufgetragen. Ein
Voxel ist für ein 3D-Modell das, was ein Pixel in einem 2D-Bild bedeutet. Im 3D-Bereich ist ein Voxel ein Datenpunkt einer dreidimensionalen
Rastergrafik. Sie können sich das wie den kleinsten Würfel denken, aus
welchem die Objekte zusammengebaut werden.

Leicht verständlich wird die Rasterung beim 3D-Druck auch, wenn
Sie sich jeden Voxel als kleinen Legostein vorstellen. Ganz wie beim
Bauen mit Lego, lässt sich aus vielen kleinen Steinen ein großes Objekt
bauen. Wenn jeder Voxel – oder eben Legostein – nur klein genug ist, ist
irgendwann die Rasterung für das Auge nicht mehr zu erkennen.

Das Bau-Material, also der flüssige Kunststoff, ist ein *Photopolymer*. Dieses wird mit Hilfe einer neben dem Druckkopf angebrachten
UV-Lampe gehärtet. Das heißt: Die dünnen Kunststoffschichten werden
sofort ausgehärtet, nachdem sie auf der Plattform abgelegt worden sind.
Der dabei ablaufende Prozess nennt sich *Polymerisation*. Der flüssige
Kunststoff besteht aus vielen kleinen Molekülbausteinen, den *Mono-
meren*. Durch die Einwirkung des UV-Lichts verbinden sie sich zu
sehr langen Molekülketten – den *Polymeren*. Ineinander sind sie fest
und bilden ein stabiles Geflecht. Sobald wieder eine Schicht ausgehärtet ist, wird die Bauplattform erneut um eine Schichtdicke abgesenkt.

Abb. 3.5 Die Figur des gedruckten Teufels ist von einem gelartigen Stützmaterial umhüllt (Fasterpoly)

Der Vorgang wiederholt sich so lange, bis das Bauteil fertig gedruckt ist.

Es werden unterschiedliche Kunststoffe als Baumaterialien angeboten. Neben relativ harten, Acrylat-ähnlichen Materialien gibt es außerdem gummiartiges und ein ABS-ähnliches, sehr festes Material. Die genauen Materialspezifikationen sind auf der Webseite des Herstellers aufgeführt.

3.3.2 Stütz- oder Support-Material wird erforderlich

Bei fast allen 3D-Druck-Verfahren wird Stützmaterial erforderlich. Ich schreibe „fast", weil es einige Verfahren gibt, bei denen das Objekt in ein Pulverbett hineingedruckt wird. Der Grund dafür, dass Stützmaterial notwendig wird, ist der, dass ein 3D-Drucker nicht „in die Luft drucken" kann. Auch das möchte ich wieder mit Legosteinen veranschaulichen: Beim Bauen mit Legosteinen kann man einen Stein nur auf einem darunter liegenden Stein befestigen. Beim PolyJet-3D-Druck-Verfahren wird als Grundlage ein weiches, gelartiges Stützmaterial verwendet, das sich nach dem Druck vom Bauteil entfernen lässt. Wo an einem zufällig gewählten Objekt Stützmaterial gedruckt wird, ist in Abb. 3.5 zu erkennen.

Es ist nicht immer möglich, Stützmaterial komplett zu vermeiden. So bleibt im Anschluss an den 3D-Druck die Arbeit, es vom Bauteil zu entfernen – entweder manuell oder mechanisch. Die Nachbearbeitung der Objekte ist von Verfahren zu Verfahren unterschiedlich aufwendig. Es liegt sicher im Ermessen des Einzelnen zu beurteilen, ob die eine oder

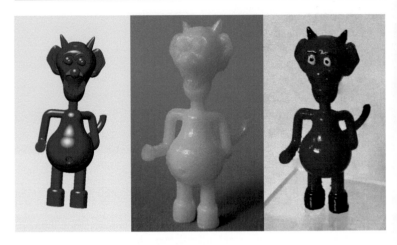

Abb. 3.6 Fertigungskette von Modellen (Fasterpoly)

andere Art der Nachbearbeitung einfacher ist. Es ist also Ansichtssache,
ob Sie lieber gelartiges Material ablösen, Bauteile auswaschen oder von
Pulverrückständen befreien. Nur dass die Bauteile fertig, sauber und sofort verwendbar aus dem 3D-Drucker kommen, ist beim gegenwärtigen
Stand der Technik noch kein Standard. Deshalb sollten Sie, wenn Sie mit
dem Gedanken spielen, sich einen eigenen 3D-Drucker zu beschaffen,
auch den anfallenden Nachbearbeitungsaufwand für die Objekte nicht
unberücksichtigt lassen. Lassen Sie sich am besten zeigen, wie die Bauteile nachbearbeitet werden, bevor Sie einen 3D-Drucker kaufen. Wenn
Sie Bauteile bei einem 3D-Druck-Dienstleister bestellen, übernimmt dieser die Nachbearbeitung der Objekte.

► **Wichtig** Wie genau lässt sich mit dem 3D-Druck-Verfahren produzieren? Auch 3D-Druck hat Toleranzen. Das bedeutet, es kann
  Abweichungen geben. Passungen sind deshalb nicht immer möglich. Die Abweichungstoleranz beim 3D-Druck beträgt in vielen
  Verfahren rund einen Zehntelmillimeter. Damit sind die Abweichungen beim 3D-Druck größer als bei vielen anderen Verfahren.

So ist 3D-Druck ungenauer als zum Beispiel Spritzguss. Die Schichten, aus denen die Objekte sukzessive aufgebaut werden, betragen in der Regel zwischen 0,09 und 0,15 Millimeter, wodurch sich auch in der Höhe ein Fehler ergibt.

Beispiel

Als Beispiel ist in Abb. 3.6 eine Fertigungskette von Modellen dargestellt: Die Teufelsfigur ist ganz links als 3D-CAD-Modell abgebildet. In der Mitte steht das weniger als fünf Zentimeter hohe, fertig gedruckte Modell. Rechts sehen Sie den mit Modellbaufarben bemalten Teufel.

Rapid Prototyping oder 3D-Druck?

4

Zusammenfassung
Ob es sich bei der seit Ende der 1980er Jahre bekannten Technologie des schichtweisen Aufbaus von Bauteilen um 3D-Druck oder Rapid Prototyping handelt, wird immer wieder diskutiert. Gibt es einen Unterschied zwischen 3D-Druck und Rapid Prototyping?

4.1 Es gibt Unterschiede

Ein augenfälliger Unterschied ist, dass die überwiegende Anzahl der als 3D-Drucker bezeichneten Anlagen eher Desktop-Geräte mit einer nicht allzu großen Bauplattform sind. Häufig ist es so, dass in den Bauraum maximal Objekte mit ungefähr 250 Kubikzentimetern Hüllvolumen passen. Es gibt jedoch Ausnahmen, wie zum Beispiel den speziell für Industrieanwendungen gefertigten 3D-Drucker X1000 der German Rep-Rap GmbH, dessen Bauraum $1000 \times 800 \times 600\,\text{mm}^3$ beträgt. Dennoch produzieren professionelle Rapid-Prototyping-Anlagen in der Regel in einer anderen Kategorie und können durchaus Objekte in einer Größe von $2000 \times 700 \times 800\,\text{mm}^3$ herstellen.

Für die Materialien gibt es bei professionellen Rapid-Prototyping-Anlagen eine sehr große Auswahl. In die Materialforschung wird nach wie vor von den Unternehmen sehr viel Geld investiert. Ob in der In-

© Springer-Verlag Berlin Heidelberg 2016, P. Fastermann, *3D-Drucken*, Technik im Fokus,
DOI 10.1007/978-3-662-49866-8_4

dustrie mit Keramik, Kunststoff, Titan oder anderen Metallen gearbeitet wird: Die Prototypen müssen in ihren gewünschten Eigenschaften dem Serienbauteil immer näher kommen und teilweise als Funktionsmodelle verwendet werden.

Was überwiegend unter 3D-Druck verstanden wird, ist das von der Firma Stratasys entwickelte *FDM* (*Fused-Deposition-Modeling*)-Verfahren. Dabei wird mit einem drahtförmigen Kunststofffaden als Bau-Material gearbeitet. Bei diesem Schmelzschichtungsverfahren wird der Kunststoff verflüssigt und aus einer beweglichen und beheizten Düse schichtweise auf das bereits erstarrte Material zu einem Objekt extrudiert. Die Bau-Materialien sind im Privatgebrauch unkompliziert zu handhaben und verhältnismäßig preiswert.

Und das ist schon der nächste Punkt: die Kosten. Rapid-Prototyping-Dienstleister bieten auch für Privatpersonen Objekte zu bezahlbaren Preisen an. Große Bauteile für die Industrie, welche auf professionellen Anlagen gefertigt werden müssen – so zum Beispiel Lasersinter-Teile – kosten ein Vielfaches und werden meist tatsächlich nicht in Serie, sondern als Prototypen produziert. Hinzu kommt, dass die Betriebskosten und die Wartung von industriellen Rapid-Prototyping-Anlagen viel kostenintensiver sind als die von bürotauglichen kleinen 3D-Druckern. Das ist nicht erstaunlich, wenn man berücksichtigt, dass eine Lasersinter-Anlage, welche Flugzeugteile aus Titan druckt, 1 Million USD kosten kann [1].

Weitere Punkte sind die Nutzbarkeit und die Anwenderfreundlichkeit. Die meisten 3D-Drucker können von Privatpersonen ohne umfassende technische Kenntnisse nach einer Einweisung oder Anleitung bedient werden. Für gewöhnlich sind sie schnell einsatzbereit und nicht sonderlich wartungsintensiv. Rapid-Prototyping-Maschinen hingegen benötigen geschultes Fachpersonal zur Bedienung – und vor allem auch für die regelmäßige Wartung.

Für erste Bauteile zur Überprüfung der Machbarkeit und des Designs sind 3D-Drucker sicherlich vollkommen ausreichend. Um ein Objekt vermarkten und weiterverkaufen zu können, ist es jedoch oft sinnvoll, den letzten Stand des Modells auf einer industriellen Rapid-Prototyping-Anlage produzieren zu lassen. In diesem Fall spricht man auch von Rapid Manufacturing.

Literatur

1. www.economist.com/news/technology-quarterly/21584449-how-3d-printers-work

Welche 3D-Druck-Technologien gibt es und welche Technologie eignet sich wofür?

5

Zusammenfassung

Es gibt sehr viele verschiedene Verfahren, die alle unter 3D-Druck, oft auch unter Additive Manufacturing, generativer Fertigung oder Rapid Prototyping zusammengefasst werden. 3D-Druck scheint der Begriff zu sein, der sich in der Öffentlichkeit mehr und mehr durchsetzt, obwohl er recht umgangssprachlich und nicht für alle der schichtweise aufbauenden Verfahren ganz korrekt ist. Um nicht ständig die Bezeichnung zu wechseln, bleibe ich hier jedoch bei dem Begriff 3D-Druck. Sie werden vielleicht überrascht sein, wie viele unterschiedliche Verfahren es gibt, die gemeint sind, wenn von 3D-Druck die Rede ist. Letztlich arbeiten diese jedoch alle nach dem gleichen Grundprinzip: Ein Objekt wird Schicht für Schicht aufgebaut. In diesem Kapitel stelle ich Ihnen eine Übersicht der verschiedenen 3D-Druck-Technologien vor.

5.1 Die Technologien des 3D-Drucks im Überblick

Grob lassen sich die gegenwärtig üblichen Verfahren in drei Gruppen einteilen: 1) das Sinter- oder Pulverdruckverfahren, 2) das Drucken mit extrudierten Bau-Materialien und 3) die Stereolithografie, bei der das Bauteil in einem Bad aus einem flüssigen Bau-Material, das bei Belich-

© Springer-Verlag Berlin Heidelberg 2016, P. Fastermann, *3D-Drucken*, Technik im Fokus, 27
DOI 10.1007/978-3-662-49866-8_5

tung aushärtet, produziert wird. Im Jahr 2015 wurde ein neues Verfahren mit dem Namen „Continuous Liquid Interface Production" (CLIP) vorgestellt, das 25 bis 100 Mal schneller sein soll als bisherige 3D-Druck-Ansätze. Bei diesem wird mit UV-Licht und Sauerstoff gedruckt.

5.1.1   3D-Drucken mit Pulver (3DP)

Schicht für Schicht wird das Objekt beim 3D-Pulverdruck (3DP) aus einem zuvor pulverförmigen Material – wie beispielsweise Gips, welcher mit einem Bindemittel gehärtet wird – aufgebaut. Dabei wird mit einem sehr ähnlichen Verfahren wie beim Tintendruck gearbeitet. Viele der 3D-Drucker haben – ähnlich wie 2D-Tintenstrahldrucker – mehrere Druckköpfe, aus denen ein Bindemittel in Form von kleinen Tröpfchen geschossen wird. Das flüssige Bindemittel verhält sich ähnlich wie ein Klebstoff oder ein Härter und lässt die einzelnen Pulverkörner kristallisieren bzw. verkleben.

In den Bereichen, in denen der Binder aufgedruckt wird, wird schichtweise Pulver aufgetragen. Beim Drucken bewegt sich das Pulverbett immer um eine Schicht nach unten, damit das Objekt nach oben hin aufgebaut werden kann. Bei dem flüssigen Bindemittel, das auf die Pulverschichten aufgetragen wird, ist der Zusatz unterschiedlich farbiger Tinten möglich. So können mehrfarbige dreidimensionale Objekte hergestellt werden. Sind diese gedruckt, müssen sie vom sie umgebenden Pulver befreit und zur höheren Stabilität gegebenenfalls mit einer Art Sekundenkleber oder Epoxidharz imprägniert werden (Infiltration). Das überschüssige Pulver kann zum Teil erneut zum Drucken verwendet werden.

Werkstoffe: Kunststoff-, Kalk- oder Gipspulver und weitere pulverförmige Materialien verschiedener Art (zum Beispiel Keramik oder Zellulose)

Einschätzung der Technologie: Obwohl bei diesem Verfahren keine Stützstrukturen erforderlich sind, ist eine Nachbearbeitung nach dem Drucken notwendig. Die fertigen Bauteile müssen von anhaftendem Pulver befreit werden, das sich mit Hilfe von Druckluft beseitigen lässt. Nicht infiltrierte Bauteile können spröde sein.

Von Vorteil beim 3DP-Verfahren ist die Möglichkeit, dass sich Bauteile herstellen lassen, die nicht oder nur schwer entformbar sind. Der

Sehen und begreifen.

Aus Länderdaten werden Skulpturen.

Distribution via online- shop
http://www.sculpteo.com/en/s/nostromo/

Diese 3D-Skulptur zeigt Länderbevölkerungen als Höhen und Pro-Kopf-Einkommen als Farben und ist ein innovatives Produkt des "Additive Manufacturing". Herausragend die Säulen von China (gelb) und Indien (orange). Afrika ist nach wie vor arm (rote Farben).

MELIESART

The underlying data have been published in the Worldbank book "World Development Report 2012" on pages 392-393 and 402-403). This does not imply that The World Bank is participating in, or has sponsored, approved or endorsed the manner or purpose of this use of the Datasets.

Abb. 5.1 Ein mit dem 3DP-Verfahren mehrfarbig gedrucktes 3D-Modell, Daten-Skulptur der Bevölkerungen nach Ländern (MeliesArt/Volker Schweisfurth)

Grund dafür ist, dass das Pulver im Innern des Bauteils auch durch kleine Öffnungen problemlos entfernt werden kann. Ein weiterer Vorteil ist die Möglichkeit, ohne zusätzliche Arbeitsschritte mehrfarbige Objekte herzustellen. Dazu benötigt man neben der Geometriedatei eine Datei mit der Farbinformation, der Textur. Durch Infiltrieren mit einem Wachs, Harz oder Kunststoff und späteres Polieren lassen sich hochglänzende Oberflächen erzielen. Dabei ist die Detailauflösung allerdings begrenzt.

Abb. 5.1 zeigt ein im 3DP-Verfahren mehrfarbig gedrucktes Modell.

Beispiel

Die Druckqualität beim Mehrfarbendruck wird zunehmend besser, weil die 3D-Drucker immer mehr optimiert werden. Die Farb-3D-Drucker von 3D Systems arbeiten mit 3D-Pulverdruck. Als Ausgangsmaterial dient ein sehr fein zermahlenes Pulver, das im Wesentlichen aus Gips und Kunstharzen besteht. Das Material ist in seiner Beschaffenheit vergleichbar mit handelsüblichem Modellgips. Im Drucker befindet sich die Bindeflüssigkeit in einem Tank, welcher über ein Schlauchsystem mit einem Druckkopf verbunden ist. Der Druckkopf funktioniert ähnlich wie der von 2D-Tintenstrahldruckern: Die Flüssigkeit – sei diese nun Tinte oder Bindemittel – ist in kleinen Kammern hinter den Düsen. Aus den Kammern wird die Flüssigkeit genau kontrolliert durch Hitze oder einen Stößel in den Gips als Tröpfchen gespritzt. Werden statt einer einfarbigen Bindeflüssigkeit die aus dem Vierfarbdruck bekannten Grundfarben Cyan, Magenta, Gelb und Schwarz (CMYK) verwendet, ermöglicht das den 3D-Druck von mehrfarbigen Objekten. Der 3D-Drucker hat dazu vier Vorratstanks und vier getrennte Druckköpfe – einen für jede Farbe. Ganz wie ein Tintenstrahldrucker. Je nach Güte der verwendeten Pigmente im Bindemittel lässt sich so eine sehr gute Farbwiedergabe erreichen.

5.1.2   Selektives Lasersintern (SLS)

Das Lasersintern ist dem 3D-Drucken mit Pulver sehr ähnlich. Es unterscheidet sich von diesem jedoch durch die Bau-Materialien und die Art, auf welche die Schichten verfestigt werden. Beim Selektiven Lasersintern wird ein Pulverwerkstoff schichtweise versintert und so Schicht für Schicht zu einem Objekt aufgebaut. Dabei trifft ein Laser auf feines Pulver, um die Kügelchen an den zuvor in der Konstruktion definierten Stellen untereinander zu einem dreidimensionalen Bauteil zu verschmelzen. Das bedeutet, dass die Partikel durch eine Laserquelle an der Oberfläche miteinander verschmolzen werden.

Aufgrund der sehr kurzen Einwirkzeit des Laserstrahls muss die Temperatur des Pulvers zum Sintern des Bau-Materials sehr nahe an die Schmelztemperatur gebracht werden. Beim Drucken wird der Bauraum immer wieder um eine Schichtdicke gesenkt und eine neue dünne Pulverschicht durch einen Rakel (wie mit einem Fensterwischer) auf der vorherigen Schicht aufgetragen. Nach jedem Vorgang des Verschmelzens wird dieser Arbeitsschritt wiederholt.

Werkstoffe: Thermoplaste (wie zum Beispiel Polycarbonate, Polyamide, Polyvinylchlorid), Metalle, Keramiken, Sande

Einschätzung der Technologie: Es sind keine Stützstrukturen erforderlich, da das Pulverbett für Überhänge genügend Halt bietet. Das Restpulver vom fertigen Objekt zu entfernen kann sehr aufwendig sein. Die Größe der Pulverpartikel und der Durchmesser des Laserstrahls begrenzen die Genauigkeit der Bauteile. Durch den Temperatureinfluss kommt es zu Schrumpfungsprozessen beim Abkühlen der Schicht, die zu Maßabweichungen und Spannungen im Bauteil führen können. Es ist jedoch möglich, diese Maßabweichungen vorher durch eine Berechnung der Maschine zu korrigieren.

Häufig erhalten die Objekte durch die Korngröße des Pulvers eine etwas raue Oberfläche und eine leichte Porosität. Der Porosität lässt sich entgegenwirken, zum Beispiel indem man das fertige Objekt in flüssigem Kupfer oder einem Harz tränkt. Die Oberfläche kann durch Perlstrahlen (dabei werden kleine Metall- oder Glaskügelchen mit Pressluft auf das Bauteil geblasen) geglättet und verdichtet werden. Vorteile sind zweifellos die hohe mechanische Belastbarkeit und die große Auswahl an zur Verfügung stehenden Bau-Materialien. Das Verfahren eignet sich für Endprodukte. Flugzeugbauteile bei den großen Herstellern in der Luftfahrt werden zunehmend mit dem Lasersinter-Verfahren produziert.

▶   **Wichtig** Das nicht versinterte Pulver bleibt im Ursprungszustand, nachdem das fertige Bauteil aus dem Pulverbett entfernt (entstürzt) worden ist. Das Pulver wird meist direkt in der Maschine aufgefangen und teilweise zum Drucken neuer Objekte weiterverwendet. Rund 50 % des Pulvermaterials sind wiederverwertbar, so dass nicht alles davon entsorgt werden muss.

5.1.3 Selective Heat Sintering (SHS)

Das dänische Unternehmen BluePrinter [1] brachte im Jahr 2012 einen 3D-Drucker auf den Markt, mit welchem es eine Mischform verschiedenster 3D-Druck-Technologien anbietet. Von dem 2012 vorgestellten Modell gibt es bereits Folgemodelle. Der SHS 3D Printer arbeitet mit einer Technologie, welche BluePrinter sich hat patentieren lassen und die auf der Euromold 2011 vorgestellt wurde: SHS = Selective Heat Sintering. Bei dieser Technologie wird – anders als beim Selektiven Lasersintern – statt eines Lasers ein thermischer Druckkopf verwendet. Dieser zeichnet das Bauteil Schicht für Schicht in ein vorgewärmtes Pulverbett. Beim Selective-Heat-Sintering-Verfahren fällt – wie beim Lasersintern – kein Stützmaterial an.

Werkstoffe: Thermoplastisches Kunststoff-Pulver

Einschätzung der Technologie: Nicht beim Druck verbautes Material wird beim Entladen der Maschine zurückgewonnen. Das Verfahren eignet sich auch für bewegliche Teile. Es ist von der Qualität der Endprodukte dem Lasersintern sehr ähnlich, dafür aber weniger kostenintensiv, da der Laser entfällt.

5.1.4 Selektives Laserschmelzen (SLM, Selective Laser Melting)

Beim Selektiven Laserschmelzen (SLM) wird das Materialpulver nicht gesintert, sondern direkt an dem Bearbeitungspunkt lokal aufgeschmolzen. Das ist der wesentliche Unterschied zum Selektiven Lasersintern (SLS).

Der pulverförmige Werkstoff wird beim Laserschmelzen mittels eines Lasers vollständig umgeschmolzen. Beim Erkalten verfestigt sich das Bau-Material. Durch Absenkung der Bauplattform, immer wieder neuen Auftrag von Pulver und erneutes Schmelzen der Kontur wird das Objekt Schicht für Schicht aufgebaut.

Das SLM-Verfahren ermöglicht den Aufbau einer poren- und rissfreien Struktur. So kann – zumindest theoretisch – eine 100 %-Dichte des Ausgangsmaterials erreicht werden.

Genauso wie beim Lasersintern kommt es durch den Temperatureinfluss zu Schrumpfungsprozessen beim Abkühlen der Schicht. Das kann zu Maßabweichungen führen, die jedoch zuvor von der Maschine in einer Berechnung korrigiert werden können.

Werkstoffe: Metalle (zum Beispiel Aluminium, Edel- und Werkzeugstahl oder Titan), Kunststoffe, Keramiken

Einschätzung der Technologie: Stützkonstruktionen sind nicht erforderlich. Die Genauigkeit ist wie beim Lasersintern durch die Größe der Pulverpartikel und die Schrumpfung beim Abkühlen begrenzt. Durch die poren- und rissfreie Struktur ist es sogar möglich, hundertprozentig dichte Bauteile herzustellen – vergleichbar mit traditionell gegossenen Bauteilen. Jedoch ergeben sich an den Schichtgrenzen Kristallgrenzen, welche die Endfestigkeit beeinflussen können. Die Bauteil-Oberfläche ist rau – wie beim Sandguss.

5.1.5 Elektronenstrahlschmelzen (EBM – Electron Beam Melting)

Das Verfahren des Elektronenstrahlschmelzens, patentiert vom schwedischen Unternehmen Arcam, ist auch als Elektronenstrahlsintern bekannt. Es dient zur Herstellung von metallischen Bauteilen. Dabei wird durch einen Elektronenstrahl schichtweise Metallpulver aufgeschmolzen. Der Elektronenstrahl wird durch eine elektromagnetische Feder gelenkt.

Werkstoffe: Metalle, zum Beispiel Titan, Kobalt-Chrom

Einschätzung der Technologie: Elektronenstrahlschmelzen betrachtet man oft als Alternative zu lasergestützten Verfahren, weil der Laser durch einen Elektronenstrahl ersetzt wird. Der Vorteil des Elektronenstrahlschmelzens ist eine hohe Flexibilität und eine gute Kontrolle sowohl über die Temperatur (der Bauraum der Maschine wird auf etwa 1000 Grad Celsius aufgeheizt) als auch die Schmelzgeschwindigkeit. Anwendung findet das Verfahren überwiegend in der Luft- und Raumfahrt sowie in der Implantationstechnik.

Der hohe Wirkungsgrad des Elektronenstrahls und das für einige Bau-Materialien bessere Absorptionsverhalten gegenüber dem Laser werden als Vorteile gesehen. Die Qualität der Oberflächen ist mit herkömmlichem Sandguss vergleichbar.

5.1.6 Fused Deposition Modeling (FDM, Schmelzschichtung)/ Fused Filament Fabrication (FFF)

Die US-amerikanische Firma Stratasys hat das Fused-Deposition-Modeling (FDM)-Verfahren entwickelt. Dabei entsteht aus einem schmelzfähigen (thermoplastischen) Kunststoff das Objekt Schicht für Schicht. Das drahtförmige Kunststoff- oder auch Wachsmaterial wird zunächst knapp über seinen Verflüssigungspunkt erhitzt. Mit Hilfe eines Extruders und einer beweglichen und beheizten Düse wird es schichtweise auf das bereits erstarrte Material auf der Bauplattform zu einem Objekt aufgebaut. Die 3D-Drucker, die mittlerweile in mehr und mehr Haushalten von Privatpersonen genutzt werden, arbeiten nach dem gleichen Prinzip wie eine Heißklebepistole. Das Verfahren wird als Fused Filament Fabrication (FFF) bezeichnet, ist aber grundsätzlich mit dem FDM-Verfahren vergleichbar. Der Begriff Fused Deposition Modeling (FDM) ist durch Stratasys patentrechtlich geschützt. Weil diese Bezeichnung im Umgang dennoch weiterhin auch für die Technologie der RepRap- und anderer 3D-Drucker gebräuchlicher ist als Fused Filament Fabrication, verwende ich sie weiter – um Sie nicht mit zwei unterschiedlichen Bezeichnungen für ein ähnliches Verfahren zu verwirren.

Werkstoffe: ABS (Acrylnitril-Butadien-Styrol – das ist das Material, aus dem auch Legosteine hergestellt werden), PLA (Polylactide – das sind technische *Biopolymere* auf Milchsäurebasis, die zu den Polyestern gehören und biologisch abbaubar sind), Wachs, Laywood (Holzdraht), Laybrick (Sandstein); es wird jedoch mit allen möglichen neuen Materialien experimentiert, so zum Beispiel auch mit Plastilin-Arten wie Play-Doh oder dem Hightech-Silikonmaterial Sugru.

Einschätzung der Technologie: Bauteile, die überstehen, können mit dem FDM-Verfahren zum Teil nur mit Stützkonstruktionen erzeugt werden. Diese müssen in einem zusätzlichen Nachbearbeitungsschritt entfernt werden. Die gedruckten Bauteile sind in der Regel stabil. So belastbar wie ein Spritzgussbauteil aus dem gleichen Material sind sie aber bisher noch nicht. Optisch sind die überwiegend verwendeten Bau-Materialien ABS und PLA bei den gedruckten Objekten kaum zu unterscheiden. PLA weist jedoch eine geringere Temperaturbeständigkeit als ABS auf.

Ein großer Vorteil der Technologie ist, dass auch Bauteile hergestellt werden können, die gar nicht oder nur schwer entformbar sind. Der Grund dafür ist, dass die Stützmaterialien im Inneren eines Objekts als wasserlösliches Stützmaterial ausgewaschen werden können. Die Oberflächenqualität der Bauteile ist in der Regel geringer als bei vielen anderen Verfahren, weil die einzelnen Schichten des Aufbaus meist gut zu erkennen sind. Dafür gehört aber das FDM-Verfahren zu den preisgünstigeren Verfahren. Außerdem werden mehr und mehr ABS-Finisher entwickelt, welche die Oberflächenqualität der Objekte verbessern, das heißt: glätten können. Diese Geräte arbeiten zum Beispiel mit Aceton-Dampf. Die meisten 3D-Drucker, die derzeit an Privatanwender verkauft werden, drucken mit dem FDM-Verfahren.

▶ **Wichtig** Die zum Druck erforderlichen Stützmaterialien werden immer umweltfreundlicher. So wird bei einigen FDM-Druckern als Stützmaterial PVA-Filament (Polyvinylalkohol) verwendet. Dieses löst sich nach dem Drucken in Wasser auf und kann anschließend in das normale Abwasser entsorgt werden, weil es für die Umwelt unschädlich ist.

Beispiel

Vielen von Ihnen wird der erste 3D-Druck-Stift mit dem Namen 3Doodler [2] – „Doodle" bedeutet auf Deutsch „Gekritzel" – des US-amerikanischen Unternehmens Wobbleworks aus den Medien bekannt sein. Dieser so genannte Freihand-Drucker lässt sich ohne technisches Know-how, ohne Software und sogar ohne einen Computer benutzen. Allein eine Steckdose wird benötigt, damit das ABS- oder PLA-Material im Inneren des Stifts auf bis zu 270 Grad Celsius erhitzt werden kann. Nachdem er durch die Spitze des Stifts den Druckkopf verlassen hat, wird der Kunststoff in Sekundenschnelle gehärtet. Sie können mit dem 3Doodler freihändig 3D-Modelle in den Raum zeichnen und diese so während des Zeichnens dreidimensional in Kunststoff produzieren. Wie mit einer Heißklebepistole. Streng genommen, ist der 3Doodler aber kein 3D-Drucker. Für einen Drucker wäre eine 3D-CAD-Zeichnung oder ein 3D-Scan Voraussetzung zum Druck.

5.1.7 Continuous Liquid Interface Production (CLIP)

Im Jahr 2015 stellte das in Kalifornien, USA, ansässige Unternehmen Carbon3D auf der TED-Konferenz in Vancouver, Kanada, das Verfahren „Continuous Liquid Interface Production" (CLIP) vor. Dieses mit UV-Licht und Sauerstoff funktionierende Verfahren sei 25 bis 100 Mal schneller als herkömmlicher 3D-Druck.

Mit der CLIP-Technologie sei es sogar möglich, ganze Bauteile – ohne die sonst so deutlich sichtbaren Schichten – in hoher Auflösung und mit guten mechanischen Eigenschaften zu produzieren. Das Online-Magazin 3druck.com schreibt 2016 dazu: „Die Photopolymerisation des flüssigen Resins wird mittels Abstimmung von UV-Licht (Aushärtung) und Sauerstoff (verhindert Aushärtung) gesteuert. Der Boden des Resin-tanks besteht aus einem licht- und luftdurchlässigen Material, ähnlich dem von Kontaktlinsen. Dadurch kann in der untersten Schicht eine so genannte ‚dead zone' mittels Sauerstoff erzeugt werden, die den weiteren Aufbau des Objekts ermöglicht, das kontinuierlich aus dem Becken nach oben gezogen wird. Eine eigens entwickelte Software steuert den ganzen Prozess." [3].

Werkstoffe: Photopolymere

Einschätzung der Technologie: Es lassen sich sowohl flexible als auch feste Bauteile produzieren. Seit dem Jahr 2016 bieten einige ausgewählte Dienstleister das CLIP-Verfahren als Service der breiteren Öffentlich-keit an – nachdem Unternehmen wie Ford und Legacy Effects bereits als Nutzer des außerordentlich schnellen 3D-Druck-Verfahrens bekannt ge-worden waren. Längerfristige Erfahrungen aus einem großen Nutzerkreis bleiben abzuwarten. Besonders beeindruckend ist in jedem Fall, dass das Verfahren 25 bis 100 Mal schneller ist als herkömmlicher 3D-Druck.

Als ich mir das Video der TED-Konferenz von 2015 ansah, in der live ein Objekt mit der CLIP-Technologie produziert wurde, blieb mir dieses Bild nachhaltig in Erinnerung: Es sieht aus, als ob in Zeitlupe ein Objekt aus einer Kunststoffpfütze herausgezogen wird – ein Objekt, welches mit glatter Oberfläche fertig entsteht und das keine Nachbearbeitung benö-tigt.

5.1.8 Multi-Jet Modeling (MJM)

Beim Multi-Jet Modeling wird das Bauteil durch einen Druckkopf, der ähnlich wie der Druckkopf eines Tintenstrahldruckers arbeitet, schicht-weise aufgebaut. Im Unterschied zum Tintenstrahldrucker kann der Druckkopf des 3D-Druckers sowohl in x- als auch in y-Richtung ver-fahren werden. Die Bauplattform lässt sich in z-Richtung verfahren und wird nach jedem Bauprozessschritt um eine Schichtdicke nach unten gesenkt. Das Bau-Material ist im Ausgangszustand flüssig und wird sofort nach dem Aufdrucken auf die bereits gebauten Schichten mittels UV-Licht polymerisiert und verfestigt.

Damit Überhänge an den Objekten gedruckt werden können, wird auch bei diesem Verfahren Stützmaterial erforderlich. Die Stützen entstehen – abhängig vom Hersteller – entweder aus einem niedriger schmelzenden Wachs oder als nadelartige Stützen aus dem eigentlichen Bau-Material. Sie müssen nach dem Druck wieder entfernt werden. Wenn als Stützmaterial Wachs verwendet wird, lässt sich dieses mit geringem Aufwand durch Erwärmen abschmelzen.

Werkstoffe: wachsartige Thermoplaste, UV-empfindliche Photopolymere

Einschätzung der Technologie: Sowohl die Oberflächenqualität der Objekte als auch die Druckauflösung sind beim Multi-Jet-Modeling-Verfahren meist sehr hoch. Dennoch bleibt es nicht aus, dass nach dem Druck die Stützkonstruktionen entfernt werden müssen.

Auf Grund der mit dieser Technologie nur äußerst kleinen beim Drucken erzeugten Tröpfchen können sehr feine Details an den Bauteilen gut dargestellt werden. Jedoch dauert der Druckprozess recht lange. Das Multi-Jet-Modeling-Verfahren ist von den erzielbaren Ergebnissen dem Stereolithografie-Verfahren sehr ähnlich.

5.1.9 Stereolithografie (STL oder auch SLA)

Bei der Stereolithografie wird ein lichtaushärtender Kunststoff (Photopolymer) – beispielsweise Kunst- oder Epoxidharz – von einem Laser in dünnen Schichten polymerisiert (ausgehärtet). Das flüssige Kunststoffbad besteht aus den Basismonomeren dieses lichtempfindlichen (photosensitiven) Kunststoffes. Nach jedem Arbeitsschritt wird das Bauteil um einige Millimeter in der Flüssigkeit abgesenkt und auf eine Position zurückgefahren, die um den Betrag einer Schichtstärke unter der vorherigen liegt.

Mit einem Wischer wird der flüssige Kunststoff über der vorherigen Schicht gleichmäßig verteilt. Danach fährt ein über bewegliche Spiegel gesteuerter Laser auf der neuen Schicht über die auszuhärtenden Flächen. Nach dem Aushärten wird die Bauplattform wiederum abgesenkt und daran anschließend die nächste Schicht gedruckt. So entsteht Schritt für Schritt das 3D-Objekt. Das Bauteil kann nicht in das flüssige Bad gedruckt werden kann, weil es sonst wegschwimmen würde. Das macht Stützstrukturen erforderlich, die in Form kleiner Säulen an dem Objekt entstehen. Diese Stützkonstruktionen bestehen aus dem gleichen Bau-Material wie das Bauteil und müssen vom fertigen Objekt nachträglich mechanisch entfernt werden.

Bei der Standardstereolithografie geht man von Schichtstärken von 0,05 bis 0,25 Millimetern aus, bei der Mikrostereolithografie sind winzige Schichten von bis zu 1 Mikrometer möglich. Bei der Mikrostereolithografie sollen keine Stützkonstruktionen erforderlich sein.

Werkstoffe: flüssige Duromere (Epoxidharze, Acrylate) oder Elastomere

Einschätzung der Technologie: Stützkonstruktionen müssen am fertigen Bauteil entfernt werden. Außerdem bietet das Stereolithografie-Verfahren oft nur eine geringe thermische und mechanische Belastbarkeit der fertigen Werkstücke. Das Bau-Material, also die photosensitiven Kunststoffe, ist in der Regel UV-lichtempfindlich und aus diesem Grund zurzeit nur begrenzt haltbar. Der Vorteil des Stereolithografie-Verfahrens ist, dass recht feine und glatte Oberflächen mit hohem Detailgrad erzeugt werden können. Es gilt als sehr genaues Verfahren.

Die Stereolithografie wurde im Jahr 1983 von Chuck Hull, dem späteren Gründer von 3D Systems, erfunden. Weil die Stereolithografie damit das am längsten bekannte und genutzte 3D-Druck-Verfahren ist, gibt es bei dieser Technologie die meisten Erfahrungen. Aufgrund der hohen Materialkosten und der geringen Baugeschwindigkeit zählt Stereolithografie zu den hochpreisigeren Technologien.

5.1.10   Scan-LED-Verfahren (SLT) als Weiterentwicklung der klassischen Stereolithografie

Die Scan-LED-Technologie (SLT) kann als Weiterentwicklung der klassischen Stereolithografie betrachtet werden. Bei diesem Verfahren wird für das Aushärten des Bau-Materials statt mit einem Laser mit einer DLP-LED-basierten UV-Lichtquelle mit einer UV-Wellenlänge von 365 Nanometer gearbeitet. Mit dieser wird schichtweise ein flüssiges

Photopolymer zu einem festen Bauteil gehärtet. Für die Maschine ergibt sich durch diese Art der Aushärtung der Vorteil geringerer Wartungs- und Reparaturkosten.

Eingesetzt wird die Scan-LED-Technologie besonders gern für Präzisionsteile in der Medizintechnik [4], zum Beispiel zur Herstellung von Hörgeräten oder dentalen Applikationen.

Werkstoffe: Photopolymere, FotoMed-Materialien (biokompatible und nicht biokompatible Kunststoffe)

Einschätzung der Technologie: Entsprechend dem Hersteller wurde die Anlage als offenes System eingerichtet, das keine RFID-Codierung hat (RFID = radio-frequency identification; bei dieser Codierung handelt es sich um eine Art „Funk-Etikett" zur Erfassung von Daten). Das bedeutet, dass Nutzer auch ihre eigenen Harze entwickeln können. So könnte hier bei den Materialkosten enorm gespart werden. Oftmals ist es so, dass bei professionellen 3D-Druck-Anlagen die Druck-Materialien sehr teuer und zusätzlich noch mit einem Schutzsystem gegen Fremdanbieter ausgestattet sind.

5.1.11 Film Transfer Imaging (FTI)

Das Film-Transfer-Imaging-Verfahren wurde von dem Unternehmen 3D Systems entwickelt und basiert auf einem Bildprojektionssystem. Es ist dem Stereolithografie-Verfahren sehr ähnlich. Jedoch wird beim FTI-Verfahren das Bau-Material mit einem Beamer statt mit einem Laser verfestigt. Beim Film-Transfer-Imaging-Verfahren gibt es – anders als bei der Stereolithografie – auch kein Bad. Stattdessen wird mittels einer Transportfolie das noch nicht vollständig ausgehärtete Bau-Material auf der Bauplattform aufgebracht.

Auf der Transportfolie wird mit Hilfe einer Beschichtungsvorrichtung ein Materialfilm erstellt, der die ganze Breite des Bauraums umfasst. Durch die Folie wird das Bauteil belichtet. Dadurch werden die zum Bauteil und den Stützen gehörenden Teile erhärtet.

Das Material, das unbelichtet bleibt, bleibt an der Folie haften. Zusammen mit der Folie wird es nach der Produktion vom Bauteil und dem am Bauteil haftenden Stützmaterial abgezogen. Sowohl Materialreste als

auch die benutzte Folie werden in die Druckerkartusche zurücktranspor-
tiert und zusammen mit dieser ausgewechselt.

Werkstoffe: Photopolymere

Einschätzung der Technologie: Die Technologie des Film Transfer
Imaging ermöglicht bei den gedruckten Objekten eine feine Auflösung
und eine hohe Oberflächenqualität. Die Stützstrukturen müssen vom fertigen Objekt entfernt werden. Verglichen mit der Stereolithografie ist
diese Technologie recht materialintensiv. Sie ermöglicht aber den Bau
von einfacheren 3D-Druckern.

5.1.12   Digital Light Processing (DLP)

Das Verfahren des Digital Light Processing (DLP) ist eine von dem US-
amerikanischen Unternehmen Texas Instruments entwickelte Projekti-
onstechnik und von Texas Instruments als Marke registriert.

Beim Digital Light Processing entstehen die Bauteile in einem Bad:
Beim Bauvorgang wird ein flüssiges Photopolymer mit dem hochauflösenden DLP-Projektor, einer Beamer-Bauart, verfestigt. Die Bewegung
bei der Herstellung geht dabei nur in z-Richtung.

Das Herstellungsverfahren ist dem Film-Transfer-Imaging (FTI)-Ver-
fahren und dem Scan-LED-Verfahren recht ähnlich; der wesentliche Unterschied dazu ist, dass die Objekte beim DLP-Verfahren in einem Bad
entstehen.

Werkstoffe: Photopolymere

Einschätzung der Technologie: Digital Light Processing ermöglicht
bei den Bauteilen eine feine Auflösung und eine gute Oberflächenqualität. Die präzise Lichtsteuerung beim Druckvorgang ermöglicht scharfe
Kanten an den Bauteilen. Wegen der lichtempfindlichen Photopolymere,
die als Werkstoff benutzt werden, ist die thermische Qualität der Bauteile
nicht sehr hoch.

Die Stützkonstruktionen müssen vom fertigen Objekt nachträglich
mechanisch abgetrennt werden. Da die Stützstrukturen aus demselben
Material wie das Bauteil sind, ist es recht aufwendig, sie vom ausgehär-
teten Objekt zu entfernen.

5.1.13 PolyJet

Das PolyJet-3D-Druck-Verfahren hat sich die Firma Objet (Objet gehört seit dem Jahr 2012 zum Unternehmen Stratasys) patentieren lassen. Grundsätzlich funktioniert es wie das Multi-Jet-Modeling-Verfahren, weil ebenfalls Druckköpfe wie bei einem Tintenstrahldrucker genutzt werden. Die 3D-Drucker haben zwei oder auch mehr Druckköpfe – einen für das Bau- und einen für das Support-Material. Diese spritzen Schicht für Schicht die Konturen des Modells auf der Bauplattform auf. Bei dem Bau-Material handelt es sich um Photopolymere, welche nahezu sofort mit einer sich im Drucker befindenden UV-Lampe auf der Bauplattform gehärtet werden. Das Support-Material hat eine gelartige Konsistenz und muss nach dem Druck vom fertigen Objekt mechanisch abgelöst werden.

Die PolyJet-Technologie ermöglicht ein Mehrkomponenten-3D-Drucken. Einige der 3D-Drucker, die mit der PolyJet-Technologie arbeiten, können gleichzeitig in verschiedenen Materialien mit jeweils unterschiedlichen Eigenschaften drucken. Diese 3D-Drucker haben drei Druckköpfe für die verschiedenen Bau-Materialien. Einer davon verteilt das Support-Material, während die beiden anderen die zwei Bau-Materialien in den unterschiedlichen Eigenschaften, wie Farbe oder Shore-Härte, auftragen. Die Mischung der beiden Materialien ermöglicht es, die Eigenschaften des Bauteils für jeden Voxel individuell einzustellen.

Der 3D-Drucker kann so zum Beispiel Shore-Härten zwischen 40 und 95 drucken. Die Shore-Härte 40 ist weich, während Sie sich die Shore-Härte 95 als hart wie ein Radiergummi vorstellen können. Das Besondere dabei ist, dass diese weichen und harten Materialien gleichzeitig gedruckt werden können. Für das Mehrkomponenten-3D-Drucken ist es notwendig, dass schon in den STL-Dateien die in den Baugruppen erwünschten Hart- und Weichkomponenten voneinander getrennt sind. Allein so können sie von der Software entsprechend verarbeitet werden.

Die modernsten 3D-Druck-Anlagen können verschiedene Materialien gleichzeitig auftragen. Dies ermöglicht die Verwendung einer großen Menge von Eigenschaften bei der Produktion von Bauteilen, so zum Beispiel auch unterschiedliche Farben, gleichzeitig mit verschiedenen Shore-Härten: Mit gummiartigen Photopolymeren kann zum Beispiel Gummi mit verschiedenen Härtegraden, Dehnungen und Reißfestigkeiten nachgebildet werden. Das Material gibt es inzwischen in verschiedenen blickdichten und durchsichtigen Farben. So wird eine Bandbreite von Endprodukten möglich – von Griffen bis hin zu Schuhen. Der Drucker Connex 3 ist in der Lage, gleich drei Materialien parallel zu drucken. Dabei wird das Material in Form von Tröpfchen abgelegt, ähnlich einem Tintenstrahldrucker. Dadurch werden so genannte digitale Materialien erzeugt, welche aus drei Komponenten bestehen. Benutzt man beispielsweise ein weiches und ein hartes Material, lässt sich je nach Mischungsverhältnis die Härte beziehungsweise Flexibilität des Bauteils steuern.

Werkstoffe: Photopolymere

Einschätzung der Technologie: Das PolyJet-3D-Druck-Verfahren ermöglicht sehr feine Strukturen und Oberflächen. Es lassen sich bei den Bauteilen sehr dünne Wandstärken drucken.

Durch die dem Inkjet-Verfahren ähnliche Technologie sind mehrere Materialien kombinierbar. Eine Nachbearbeitung der Objekte ist nach dem Druck erforderlich, weil das Stützmaterial entfernt werden muss.

5.1.14   Laminated Object Modeling (LOM) oder Folienlaminier-3D-Druck

Der Folienlaminier-3D-Druck ist eine sehr frühe Art des 3D-Drucks. Dabei wird das Objekt schichtweise – beispielsweise aus Papier – aufgebaut. Die Form wird aus Papierschichten oder auch mit Folien aus Keramik, Kunststoff oder Aluminium aufgetragen. Jede neue Schicht wird auf die schon vorhandene Schicht laminiert und so zu einem Objekt verklebt.

Dies kann entweder durch Solid Foil Polymerization (Folien-Polymerisation) oder galvanisch (Electrosetting) geschehen. Im Anschluss wird die Bauteil-Kontur mit einem Messer, einem heißen Draht oder einem Laser geschnitten. Danach kann die nächste Schicht aufgetragen werden.

Werkstoffe: Papier, Kunststoffe, Keramik oder Aluminium

Einschätzung der Technologie: Hinterschnittene oder hohle Bauteile lassen sich mit dem Verfahren nur fertigen, wenn diese am Hinterschnitt getrennt und anschließend wieder verklebt werden. Auch beim Folienlaminier-3D-Druck ist eine Nachbearbeitung nötig: Überschüssige und nicht verklebte Folienschichten, von denen das Bauteil umgeben ist, müssen manuell entfernt werden. Es fällt immer ungenutztes Bau-Material in der Breite der aufgebrachten Bahn an. Das muss als Abfall entsorgt werden.

Die Auflösung der Bauteile ist beim Laminated Object Modeling recht hoch. Aufgrund der preiswerten Bau-Materialien wie zum Beispiel Papier handelt es sich um ein sehr preisgünstiges 3D-Druck-Verfahren. Mit Epoxidharzen lassen sich die gedruckten Objekte leicht infiltrieren und damit haltbar machen. Tatsächlich aber wird das herkömmliche Laminated Object Modeling in dieser Form derzeit kaum weiterentwickelt. Vom Grundprinzip darauf aufbauend ist das neue Verfahren Selective Deposition Lamination.

5.1.15 Selective Deposition Lamination (SDL)

Dieses Verfahren verwendet der Drucker „Iris" des irischen Unternehmens Mcor Technologies. Dieser kann in sehr hoher Qualität mit Papier drucken. Anders als beim als veraltet geltenden Laminated Object Modeling, bei welchem beim Druck sehr viel Material rund um das Modell verklebt wurde, das nachträglich entfernt werden musste, lässt sich das Stützmaterial bei dieser Technologie einfach abbrechen. Beim Selective-Deposition-Lamination-Verfahren zieht der 3D-Drucker von seinem Papier-Werkstoff ein Blatt nach dem anderen ein und verklebt es mit der Schicht darunter. Die Form des Modells wird mit einem im Drucker integrierten Messer entsprechend den Vorgaben ausgeschnitten. Dieser 3D-Drucker färbt durch vorheriges Bedrucken der Papierblätter mit einem Tintenstrahldrucker direkt beim Aufbau die Bauteile in fotorealistischen Farben ein. An den im 3D-Modell vorgegebenen Schnittkanten wird jede Seite Papier, die aufgetragen wird, beidseitig bedruckt. Dadurch erscheint die Schnittkante in der gewünschten Farbe. In Abb. 5.2 sehen Sie den 3D-Drucker „Iris", der mit dem SDL-Verfahren Modelle fertigt.

Werkstoff: Papier

Einschätzung der Technologie: Bisher habe ich nur Modelle in hoher Qualität, auch hoher Farbqualität, gesehen.

Das Verfahren ist wegen des Bau-Materials Papier äußerst preisgünstig und eignet sich deshalb gut für Design- oder Architekturmodelle.

Abb. 5.2 Der 3D-Drucker
„Iris" – diese Anlage benötigt
nur Papier als Bau-Material
(Mcor Technologies)

Außerdem überzeugt das umweltfreundliche Bau-Material Papier. Wenn
der Prototyp ausgedient hat, muss man nicht mehr über die umweltfreundliche Entsorgung des Objekts nachdenken. Es kann ganz einfach
in den Altpapiercontainer geworfen werden.

Die gedruckten Objekte müssen nicht infiltriert werden. Obwohl sie
aus Papier produziert werden, sind die Bauteile sehr fest. Der Hersteller
des 3D-Druckers „Iris" wirbt mit einem stabilen, aus Papier gedruckten
Flaschenöffner. Allerdings ist es nicht so einfach, hohle Objekte zu drucken, da das Papier aus dem fertigen Objekt nicht entfernt werden kann.
Abb. 5.3 zeigt ein Modell, das aus Papier und mehrfarbig gedruckt wurde.

5.1.16   Contour Crafting (CC)

Kann noch von 3D-Druck die Rede sein, wenn ganze Häuser „gedruckt"
werden? Die fachlich richtige Bezeichnung für den 3D-Druck von Gebäuden ist Contour Crafting. Wenn die meisten Endverbraucher vom
Drucken ihres eigenen Hauses noch weit entfernt sind, möchte ich Ihnen
diese theoretische Möglichkeit dennoch nicht vorenthalten. Entwickler

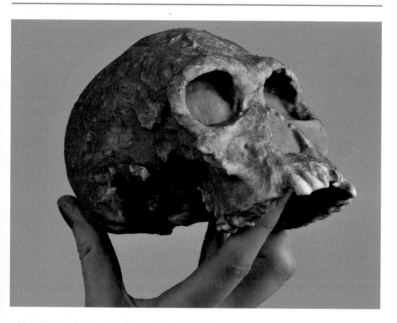

Abb. 5.3   Der Papierschädel wurde mehrfarbig gedruckt (Mcor Technologies)

des Contour Crafting ist Dr. Behrokh Khoshnevis von der University of Southern California in Los Angeles, USA. Ein wichtiger Antrieb, diesen schnellen Hausbau zu entwickeln, war für den aus dem Iran gebürtigen Forscher ein persönlicher: Contour Crafting würde es ermöglichen, dass nach Naturkatastrophen, wie zum Beispiel Erdbeben in Khoshnevis' Heimatland, ganze Häuser innerhalb kürzester Zeit errichtet werden könnten.

Die Technologie des Contour Crafting entwickelt sich so gut, dass in Dubai (Vereinigte Arabische Emirate) geplant ist, dass bis zum Jahr 2030 ein Viertel der Gebäude in der Stadt mit dieser Technologie hergestellt werden sollen. Dies gab im April 2016 Scheich Muhammad bin Raschid al Maktum bekannt. Der wirtschaftliche Nutzen der Technologie betrage mehrere Milliarden US-Dollar und könne die Bauzeiten auf bis zu 10 Prozent der Bauzeit mit herkömmlichen Methoden reduzieren. Dass dieses Vorhaben mit den 3D-gedruckten Gebäuden in Dubai nicht nur eine

Vision bleiben wird, steht fest: Bereits im Mai 2016 wurde ein erstes 3D-gedrucktes Bürogebäude, das so genannte „Office of the Future" offiziell zur Nutzung übergeben [5].

Zunächst wird das zu „druckende" Haus am Computer entworfen. Im Anschluss daran werden die Daten an den Drucker weitergeleitet. Dieser Drucker ist ein vollautomatischer Portalroboter und größer als das Gebäude, das er bauen soll. Aus den Düsen des überdimensionalen 3D-Druckers kommt ein Beton-ähnliches, schnell bindendes Material. So können Objekte in der Größe von Häusern entstehen, die „in einem Stück" ausgedruckt werden. Der Drucker arbeitet mit der Unterstützung eines mobilen Roboters oder eines Aluminiumgerüsts, über welches die dickflüssigen Bau-Materialien in Schichten aufgetragen werden.

Die Maschine baut Schicht für Schicht fünf bis zehn Millimeter dicke Schichten aus Sand, Mineralstaub oder Kies auf, um sie anschließend mit einem anorganischen Bindemittel zu verfestigen. Für eine Schicht von 30 Quadratmetern braucht der Drucker ungefähr zwei Minuten. So soll ein Haus innerhalb von 24 Stunden fast lautlos gebaut werden können. Weil sich Installationsschächte direkt mitdrucken lassen, sei der nachträgliche Einbau von Fenstern und Türen, Elektrik, Lüftungen und anderen Installationen in dem Haus problemlos.

Werkstoffe: Beton (weil Bau-Materialien mit hoher Fließfähigkeit benötigt werden, lässt sich neben Beton auch Lehm verwenden)

Einschätzung der Technologie: Eine Technologie, mit der sich ganze Gebäude errichten lassen, fällt als 3D-Druck-Verfahren ein wenig aus dem Rahmen und lässt sich mit den anderen Verfahren nicht hinsichtlich der Oberflächenqualität oder der Festigkeit des Materials vergleichen.

Eine Maschine, die ganze Gebäude drucken kann, bietet einige Vorteile: Rund die Hälfte der geschätzten Arbeitskosten, die beim Hausbau für Bau-Personal anfallen, ließen sich so einsparen. Wenn ein Haus in extrem kurzer Zeit gedruckt werden kann, entfallen für den Bauherrn die sonst üblichen Kosten für eine mehrmonatige Bauzeit und deren Finanzierung.

Beim 3D-gedruckten Haus gibt es wenig Ausschuss. Weil kein Bauschutt erzeugt wird, wird die Umwelt weniger belastet. Da gedruckte Häuser schneller entstehen als herkömmlich gebaute, muss nicht monatelanger Baulärm ausgehalten werden.

Wie in der Automobilindustrie, können auch beim Hausbau vorgefertigte Elemente eingefügt werden. Insgesamt wird durch Contour Crafting das Bauen effizienter und effektiver. Eine breite Akzeptanz dieses Bauverfahrens könnte jedoch zur Folge haben, dass langfristig ganze Berufsgruppen ihre Arbeitsplätze verlieren, weil sie durch den 3D-Drucker ersetzt würden.

Literatur

Internetquellen

1. www.blueprinter-powder-3dprinter.co.uk
2. www.the3doodler.com
3. www.3druck.com/drucker-und-produkte/clip-neues-unglaublich-schnelles-3d-druckverfahren-0331062/
4. www.3d-labs.de
5. www.emirates247.com/news/emirates/25-of-dubai-s-buildings-will-be-3d-printed-by-2030-mohammed-2016-04-27-1.628544

Weiterführende Literatur

6. Jannis Breuninger, Ralf Becker, Andreas Wolf, Steve Rommel, Alexander Verl, Generative Fertigung mit Kunststoffen: Konzeption und Konstruktion für Selektives Lasersintern. Verlag Springer Vieweg, Berlin Heidelberg (2013)
7. Petra Fastermann: 3D-Druck/Rapid Prototyping: Eine Zukunftstechnologie – kompakt erklärt. Verlag Springer Vieweg, Berlin Heidelberg (2012)
8. Wikipedia

3D-CAD-Zeichensoftware und Umgang mit 3D-Druck-Daten

Zusammenfassung

Wer nicht fertige 3D-Modelle kauft – was immer leichter möglich wird – muss diese selbst konstruieren. Gern mit einer 3D-Software, die nicht allzu teuer ist oder nach Möglichkeit vielleicht sogar überhaupt nichts kostet. Ich stelle in diesem Kapitel einige vor, die kostenlos sind. Allerdings habe ich sie nicht alle selbst ausprobiert. Ich führe auch noch kostenpflichtige Software auf. Wenn Sie sich zum ersten Mal mit dem Konstruieren beschäftigen, ist es sicher gut, am Anfang auf eine kostenlose 3D-CAD-Software zurückzugreifen. So können Sie feststellen, ob Sie überhaupt Freude am Konstruieren haben – und müssen im Vorfeld zum Üben erst einmal Ihre Zeit, aber kein Geld investieren.

6.1 Blender

Ursprünglich wurde die Software Blender [1] für 3D-Grafik-Design und -Animation entwickelt. Es lassen sich damit aber auch STL-Dateien exportieren. Blender eignet sich besonders gut für die 3D-Modellierung mit künstlerischer Ausrichtung und Animation. Für das Programm sind sehr viele Anleitungen, Bücher und Hilfe-Videos erhältlich, die den Einstieg erleichtern. Mit dem letzten größeren Versionssprung ist Blender erheb-

lich einfacher zu bedienen als zuvor. Obwohl das Programm ursprünglich für Animationen entwickelt wurde, können damit auch technische
Zeichnungen erstellt werden. Blender ist für Windows, OS X und Linux
verfügbar.

6.2   OpenSCAD

OpenSCAD [2] ist ein Open-Source-Tool für konstruktive Volumenmo-
dellierung. Das ist manchmal eine bessere Technik zum Konstruieren
von Modellen, die 3D-gedruckt werden sollen, als die oft Mesh-basierte
Oberflächen-Modellierung. Hier lässt sich eindeutig sagen, ob ein Punkt
einen Voxel, also einen Tropfen aus Kunststoff, enthalten sollte oder
nicht. Im Gegensatz zu Blender ist OpenSCAD nicht für animierte Filme, sondern zur Herstellung von Werkzeugteilen geeignet. Verfügbar ist
es für Linux/UNIX, BSD, Windows und OS X.

6.3   SketchUp Make

SketchUp Make [3] ist nicht bloß kostenlos, sondern bietet zusätzlich
noch eine Anleitung auf Deutsch. Damit ist die 3D-Modellierungs-
Software ebenso benutzerfreundlich wie funktional. Sie beginnen mit
dem Zeichnen von Linien und Formen. Anschließend ziehen und verschieben Sie Flächen, um auf diese Weise 3D-Elemente zu erzeugen.
Selbst Anfänger können so schon nach wenigen Stunden Übung meist
recht produktiv arbeiten. SketchUp Make ist – wie der Vorgänger Google
SketchUp – für Privatpersonen, die konstruieren wollen, gedacht. Eine
kommerzielle Nutzung ist nicht erwünscht. Dafür ist die kostenpflichtige
Variante SketchUp Pro vorgesehen.
    SketchUp Make läuft unter Windows sowie OS X.

6.4   Autodesk 123D (Apps)

Das Softwareunternehmen Autodesk [4] bietet mit 123D (www.123dapp.
com) eine Gratis-Software-Reihe für die 3D-Volumenmodellierung an.

Auf der Webseite stehen neben Support-Foren auch einige kostenlose Designvorlagen zum Download zur Verfügung. Zahlreiche Video-Tutorials unterstützen Anwender beim Einstieg.

Autodesk 123D Sculpt+ ermöglicht es, 3D-Modelle auf dem iPad zu erzeugen. Die Modellierung funktioniert, indem man mit dem Finger auf dem iPad das Objekt erstellt. Die Software kann im App Store von Apple heruntergeladen werden.

Außerdem gibt es die App Autodesk 123D Catch. Mit dieser Software lässt sich aus mehreren Fotos ein recht detailliertes 3D-Modell erzeugen. Zunächst müssen dafür aus vielen unterschiedlichen Blickwinkeln mit einer Digitalkamera Fotos vom Objekt gemacht werden, um eine möglichst große Anzahl an Details aufnehmen zu können. Die Cloud-basierte Anwendung Autodesk 123D Catch wandelt die digitalen Fotos in ein vernetztes 3D-Modell um, das manuell weiter- und nachbearbeitet werden kann.

Die Software Autodesk 123D Design ermöglicht Anwendern das Erstellen dreidimensionaler Volumen-CAD-Modelle ganz ohne CAD-Kenntnisse. Figuren und Formen müssen nicht selbst konstruiert werden, sondern sind bereits vorgegeben. Sie können ausgewählt und auf eine Art virtuelle Plattform gelegt werden. So lassen sich zum Beispiel Häuser, Eisenbahnen oder Roboter aus verschiedenen Elementen zusammenstellen.

Autodesk 123D Make ermöglicht die Umwandlung von 3D-Modellen in 2D-Objekte. So lassen sich einfach Baupläne für Lasercutter erstellen.

Die Apps sind nutzbar mit Windows, OS X, teilweise mit dem iPad, iPhone, online und mit Linux.

6.5 Tinkercad

Tinkercad ist ebenfalls eine leicht erlernbare Online-App, die es dem Anwender ermöglicht, eigene Modelle zu schaffen. Ein besonderer Vorteil ist, dass Tinkercad sich unabhängig vom Betriebssystem nutzen lässt. Zudem besteht die Möglichkeit, bereits vorhandene 2D- und 3D-Designs zu importieren [5].

6.6   Leopoly

Schmuck mit einem 3D-Drucker herstellen ist besonders einfach. Abhängig davon, welche Art von Schmuck produziert werden soll, sind nicht sehr umfangreiche Modellierungs- und Konstruktionskenntnisse erforderlich. Vielmehr ist es beim Design von Schmuck möglich, seiner eigenen Phantasie und Kreativität freien Lauf zu lassen. Um ein 3D-Modell für einen Kettenanhang oder ein paar Ohrringe herzustellen, genügen oft kostenfreie Modellierungs-Apps – so zum Beispiel das einfach bedienbare Leopoly, bei dem es sich um eine kostenlose, Cloud-basierte Modellierungssoftware handelt [6].

6.7   Shapesmith

Shapesmith ist Open Source und damit kostenlos. Nutzen lässt sich die Software für Browser-basiertes 3D-Konstruieren. Die Anwendung von Shapesmith ist einfach und intuitiv [7].

6.8   ViaCAD

Ich nutze selbst keine Kostenlos-Software, sondern habe mir eine gekauft, die meiner Einschätzung nach für die Konstruktion von sehr technischen Objekten gut geeignet ist. ViaCAD [8] ist ein recht preiswertes CAD-Programm – unter „preiswert" für eine solche 3D-CAD-Software verstehe ich, dass sie weniger als 200 EUR kostet – mit Freiflächenmodellierung. Das heißt, das Programm erlaubt das dynamische Ziehen, Verdrehen, Verwinden und Verschieben von Objekten, ohne dass sich die Auflösung der Oberflächen ändert und Ecken sichtbar werden. Es verfügt über einen nahezu professionellen Funktionsumfang. Von Sybex gibt es eine deutschsprachige Version für Windows und OS X.

6.9   TurboCAD

TurboCAD ist eine sowohl leistungsfähige als auch kostengünstige CAD-Software zum Konstruieren. TurboCAD eignet sich gut zum Darstellen technischer Objekte, die 3D-gedruckt werden sollen. TurboCAD ist nutzbar für die 2D- wie auch für 3D-Konstruktion und 3D-Modellierung. Als Zielgruppe gelten Architekten und Bauzeichner, aber auch Konstrukteure und Produktdesigner [9].

6.10   Weitere Softwares

Ich habe jetzt nur kostenlose oder sehr preisgünstige Softwares genannt. Bei den jeweiligen Unternehmen, die mit 3D-CAD-Programmen konstruieren, wird manchmal Software für viele Tausend Euro gekauft, die den jeweiligen Bedarfen der Firmen entspricht. So werden AutoCAD, PTC Creo oder SolidWorks oft von Ingenieuren verwendet. Oder ArchiCAD von Architekten. Vectorworks wird sowohl von Architekten als auch von Designern genutzt. Rhinoceros ist bei Designern sehr beliebt, weil das Programm sich besonders gut für Rendering und Animation eignet. Für Hochschulen und Studenten gibt es preisgünstige Lizenzen.

Weitere Beispiele für industrielle Software sind SolidEdge, CATIA, Unigraphics oder Inventor. In den jeweiligen Industriebereichen, für die sie entwickelt wurde, ist die Software unverzichtbar. Teilweise bietet sie sogar automatische Stückzahlengenerierung oder Funktionen für Zeichnungsfreigabeprozesse. Für Privatanwender reicht meiner Ansicht nach eine preiswerte Software aus, die außerdem in der Regel intuitiv und leicht zu bedienen ist.

6.11   Softwares von 3D-Druck-Dienstleistern

Zusätzlich bieten die jeweiligen 3D-Druck-Dienstleister ihre eigenen Softwares und Apps an.

Mit Shapeways Creator stellt der 3D-Druck-Dienstleister Shapeways kostenlose Tools zur Verfügung, mit denen die Kunden konstruieren können. Diese werden immer anwenderfreundlicher und zunehmend spezieller – ganz gleich, ob Sie zum Beispiel Schmuck oder eine Vase kreieren wollen. Auch der belgische 3D-Druck-Dienstleister i.materialise bietet online eine kostenlose 3D-Design-App an – ebenso wie schon vorgefertigte 3D-Modelle, die Kunden sich nach Belieben anpassen und ihren Wünschen entsprechend verändern und ausdrucken lassen können. Und wer all das nicht möchte, hat zusätzlich noch die Möglichkeit, über die Website des Unternehmens einen 3D-Designer zu finden, den er gegen Bezahlung für das gewünschte zu modellierende Objekt buchen kann.

Das sind nur Beispiele für Softwares, die 3D-Druck-Dienstleister mit ihrem immer besser werdenden Angebot, Kunden alles aus einer Hand zu bieten, auf den Markt gebracht haben.

▶   **Wichtig** Immer mehr 3D-Druck-Dienstleister bieten kostenlose Online-Workshops und -Tools an, die Interessierten dabei helfen, ihre eigenen druckbaren Modelle zu entwerfen und zu entwickeln. Das ist zum einen für die Nutzer sehr hilfreich, zum anderen aber auch eine vernünftige Geschäftsidee: Es wird dabei in der Regel gleichzeitig die Möglichkeit geboten, die im Online-Workshop konstruierten Modelle beim selben 3D-Druck-Dienstleister anschließend auszudrucken.

Literatur

1. www.blender.org
2. www.openscad.org
3. www.sketchup.com/de
4. www.autodesk.de
5. www.tinkercad.com
6. www.leopoly.com
7. www.shapesmith.net
8. www.viacad.com
9. www.turbocad.de

Tauschplattformen: fertige Modelle bekommen oder seine eigenen feilbieten – ein paar Tipps dazu

7

Zusammenfassung

Mehr und mehr Anwender finden Freude daran, mit 3D-Druck selbst zu produzieren. Durch die Möglichkeit, etwas zu drucken, was man gerade braucht oder als Design-Objekt geschaffen hat, werden neue Ideen im wörtlichen Sinn in Form gebracht. Auch der Austausch mit anderen, die ihre 3D-Modelle auf Open-Source-Plattformen wie zum Beispiel Thingiverse teilen, motiviert zur weiteren Entwicklung und neuen Einfällen.

Sobald Sie Spaß daran entwickelt haben, Ihre eigenen Modelle zu konstruieren, möchten Sie Ihre verwirklichten Ideen vielleicht auch anderen zugänglich machen. In diesem Kapitel gebe ich Ihnen einige Tipps dazu, wie Sie Ihre selbst entwickelten 3D-Modelle in einem Online-Shop zum Verkauf anbieten können.

7.1 Tauschplattformen im Internet

Als die vermutlich weltweit bekannteste Tauschplattform gilt Thingiverse. Die Tauschplattform wurde bereits 2008 von Zach Smith ins Leben gerufen. Ursprünglich war sie als ein zusätzliches Projekt zu Maker-Bot Industries vorgesehen. MakerBot Industries stellte damals schon 3D-Drucker her. Zwar ist Thingiverse eine sehr bekannte offene Datenbank

© Springer-Verlag Berlin Heidelberg 2016, P. Fastermann, *3D-Drucken*, Technik im Fokus, 55
DOI 10.1007/978-3-662-49866-8_7

für den Austausch von Daten, die sich zu 3D-Objekten umsetzen lassen, aber viele 3D-Druck-Dienstleister – so zum Beispiel Shapeways, Sculpteo oder i.materialise – haben längst ihre eigenen Tauschplattformen. Zusätzlich attraktiv werden die Plattformen durch die ihnen angeschlossenen Shops, in denen Designer und Kleinserienhersteller die von ihnen geschaffenen Modelle zum Kauf anbieten können.

So wird auch Laien der Zugriff auf 3D-CAD-Modelle ermöglicht. Um sich etwas dreidimensional auszudrucken, ist es nicht einmal mehr erforderlich, sich mühsam in eine 3D-CAD-Software einzuarbeiten. Bei Tauschplattformen können alle möglichen Modelle zu teilweise sehr geringen Preisen erworben oder sogar kostenlos heruntergeladen werden. Ob Schmuck oder Modellspielzeug – alles steht zum 3D-Druck zur Verfügung. Die verschiedenen Tauschplattformen entwickeln sich enorm weiter.

7.2 In seinem eigenen Shop etwas anbieten

Meine eigene Firma [1] vertreibt unter anderem 3D-gedruckte Objekte mit dem Schwerpunkt Eisenbahnmodellbau. Es gibt noch einiges mehr, das wir konstruiert haben und zum Verkauf anbieten. Wichtig aber ist meiner Meinung nach, dass ein Verkäufer nicht einfach quer „von allem etwas" anbietet, sondern dass eine Richtung und damit eine Spezialisierung zu erkennen ist. Irgendein Schwerpunkt, für welchen der Shop bekannt wird und nach dem die Kunden entsprechend suchen. Wie zum Beispiel in meiner Firma der Modellbau.

7.3 Oder die 3D-gedruckten Objekte
auf einer Tauschplattform vertreiben

Eine einfache Möglichkeit, selbst seine Produkte anzubieten, sind deshalb Internet-Plattformen wie Shapeways, i.materialise und viele andere. Bei diesen Plattformen können auch Privatpersonen ihre Objekte einstellen und direkt verkaufen.

Dafür erhält in der Regel der Plattformbetreiber eine kleine Provision. Weil ich meine 3D-gedruckten Modellbau-Objekte zufällig über

Shapeways [2] verkaufe, schreibe ich hier beispielhaft über deren Verkaufsplattform. Immer mehr Plattformen bieten jedoch diesen Service zu vergleichbaren Bedingungen an. Seien dies Sculpteo oder i.materialise oder – eigentlich vor allen anderen – Thingiverse: Wer danach sucht, wird sicher noch viele weitere finden.

Nachdem Sie anhand eines Online-Leitfadens, der von den Plattformen zur Verfügung gestellt wird und meist intuitiv ist, Ihren Shop mit Name, Adresse und weiteren Angaben eingerichtet haben, kann es auch schon losgehen. Nun ist es nur noch erforderlich, die Dateien für die Modelle hochzuladen, eine kurze Beschreibung davon anzufertigen und einen Preis festzulegen. Verkaufsfördernd, aber nicht zwingend erforderlich, wäre noch ein Foto vom fertigen Bauteil. Falls Sie dieses schon einmal ausgedruckt haben und ein Foto vom 3D-gedruckten Bauteil besitzen, wird dem Interessenten eine viel bessere Vorstellung von dem Objekt vermittelt. Haben Sie das nicht, ist es keinesfalls ein Problem: Sobald die Datei hochgeladen und als druckbar erkannt worden ist, erscheint ein Bild davon, wie sie gedruckt aussehen könnte. Einen Grundpreis für das Modell gibt Shapeways vor. Aus einer breiten Palette von unterschiedlichen Bau-Materialien können Kunden das auswählen, in welchem sie das Objekt gern gedruckt hätten. Die Preise für die Bau-Materialien variieren. Die Materialauswahl können Sie jedoch selbst einschränken, wenn Sie der Ansicht sind, dass einzelne Materialien zu teuer oder für Ihr Modell ungeeignet sind.

Wer etwas an seinen Produkten verdienen will, hat die Option, einen beliebigen Wert auf den von Shapeways verlangten Grundpreis für das Modell aufzuschlagen. Das sollten Sie beim Einrichten des Shops auf keinen Fall vergessen. Bei der Preisfestlegung sollten Sie sich weder zu bescheiden noch zu profitorientiert verhalten. Zum einen möchten Sie für Ihre Arbeit bezahlt werden. Zum anderen darf das Objekt aber nicht zu teuer sein, weil es dann wahrscheinlich nicht genügend Käufer finden wird. Um einen realistischen Preis zu ermitteln, reicht es in der Regel schon, zwei oder drei Bekannte danach zu fragen, wie viel sie für das Modell auszugeben bereit wären.

Wenn Kunden über den Online-Shop bestellen, druckt und verschickt Shapeways die Objekte und schreibt außerdem die Rechnungen. Hat jemand im Shop etwas gekauft, erhält der Verkäufer eine Benachrichtigung. Abgerechnet wird über PayPal, wobei Shapeways zum Verdienst am Druck auch noch eine Verkaufsgebühr erhebt.

7.4 Der Erfolg soll nicht ausbleiben

Zusammengefasst: Mein Vorschlag an alle, die 3D-Modelle zum Verkauf anbieten, ist der, zweigleisig zu fahren. Auf jeden Fall sollten Sie auf Ihrer eigenen Webseite etwas anbieten, aber dabei keineswegs Ihre Ausrichtung auf einen bestimmten Bereich verwässern lassen. Gleichzeitig kostet es neben dem anfänglichen Aufwand, den Shop einzurichten, normalerweise nichts, seine Modelle auf einer Plattform vorzustellen. Wenn diese selten oder nie gekauft werden, ist das enttäuschend. Allerdings sollten Sie Ihre Produkte auch ausreichend bekannt machen. Es kann aber genauso gut sein, dass die Objekte ein großer Verkaufserfolg werden – und in diesem Fall verdienen Sie, ohne täglich werben zu müssen, Ihr Geld sozusagen „im Schlaf": Die Kunden bestellen beim Dienstleister, dieser kümmert sich um die Abwicklung – und Sie rufen gelegentlich das verdiente Geld ab. Die Zeit, die Sie dadurch einsparen, dass Sie sich weder um die Produktion noch die Abwicklung kümmern müssen, investieren Sie in neue Ideen.

Beispiel

Was kann man verkaufen? Beispielsweise diese in Abb. 7.1 dargestellte Gehirnzelle, die auf einem Buchrücken oder auf einem Computer-Bildschirm sitzen kann. „Braucht" die jemand? Sie werden sich wundern, was Sie vielleicht verkaufen können. Vor allem können Sie selbst dabei nur gewinnen.

▶   **Wichtig** Sicher werden Sie jetzt nach Tauschplattformen suchen. Ein paar stelle ich hier kurz vor: So gibt es unter www.yeggi.com eine praktische Suchmaschine, die dabei hilft, 3D-CAD-Modelle zu finden. Dazu tippt man – wie bei fast allen Plattformen auf Englisch – zunächst die Art des gesuchten Modells ein. Daraufhin durchforstet die Search Engine alle möglichen Anbieter, beispielsweise Thingiverse, MyMiniFactory usw. Natürlich können Sie ebenso gut auf den jeweiligen Seiten, zum Beispiel unter www.thingiverse.com, selbst suchen. Aber es ist praktisch und

Abb. 7.1 Es lassen sich alle
möglichen Modelle anbieten
(Fasterpoly)

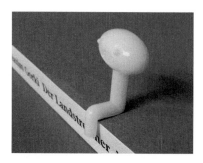

spart Zeit, wenn eine einzige Suchmaschine direkt ein übersicht-
liches Angebot generiert. Bei der Suche wird angezeigt, ob das
Download der Modelle etwas kostet oder nicht. Sehr viele Modelle sind kostenlos. Es gibt bereits sehr viele und wird sicherlich in
den nächsten Jahren immer mehr Tauschplattformen geben, so
dass ich hier nur einige nenne. Derzeit bietet Cults (www.cults3d.
com) eine große Anzahl kostenloser wie auch kostenpflichtiger
Designs an, ebenso wie CGTrader (www.cgtrader.com). Einen
speziellen Fokus auf Architektur und Produktdesign hat 3D Ware-
house (www.3dwarehouse.sketchup.com).

Recht interessant ist auch www.3dpartsource.com, ein Search Engine, mit dessen Hilfe sich speziell Industriebauteile finden lassen. So geben Sie ein Stichwort – zum Beispiel „Hammer" – ein
und finden unmittelbar das passende Modell dazu. Unter www.
grabcad.com finden Sie eine Open-Engineering-Plattform, die Interessierten einige Werkzeuge und Informationen dazu bietet, um
3D-Objekte herzustellen. Außerdem können Sie dort kostenfreie
3D-Modelle herunterladen. Bei www.instructables.com handelt es
sich um eine allgemeine Do-it-yourself-Seite. Hier lassen sich alle
möglichen Open-Source-Modelle herunterladen. Und noch eine
weitere Plattform zum Tauschen und Teilen: www.sketchfab.com.

Literatur

1. www.fasterpoly.de
2. www.shapeways.com

FabLabs – wie sich in offenen Werkstätten weitere Möglichkeiten erschließen

8

8.1 Demokratisierung der Produktion

FabLabs sind Hightech-Werkstätten für die Produktion, in welchen ein reger Austausch von Wissen und Know-how unter Kreativen, Bastlern sowie oft auch Ingenieuren oder Konstrukteuren stattfindet. Das Wort FabLab steht dabei als Abkürzung für Fabrication Laboratory – auf Deutsch: Fabrikations- oder auch Fertigungslabor. Zutritt hat jeder, der möchte, aber Kreative und Bastler stellen in den Industrieländern sicherlich die größte Anzahl von Interessenten, die das Angebot von FabLabs in Anspruch nehmen. Das meiner Einschätzung nach wichtigste Ziel der FabLabs ist die Demokratisierung der Produktion. Das wird unter anderem dadurch erreicht, dass jeder, der etwas herstellen möchte, gegen einen kleinen Beitrag Mitglied werden kann. Denn die FabLabs sind zumeist als gemeinnützige Vereine organisiert. So haben Privatpersonen Gelegenheit, in offenen Werkstätten industrielle Produktionsverfahren kennen zu lernen und – zunächst unter erläuternder Anleitung und im Anschluss daran selbstständig – zu nutzen. Zusätzlich finden in vielen FabLabs Workshops und Seminare statt. FabLabs sind damit Orte der Bildung und Wissensvermittlung. Neben 3D-Druckern stehen den Nutzern oft auch Scanner, Laser-Cutter oder CNC-Maschinen für die digitale Fertigung zur Verfügung.

Abb. 8.1 Workshop im GarageLab, dem FabLab in Düsseldorf (Fasterpoly)

Die Idee der FabLabs kommt ursprünglich aus den USA, wo im Jahr 2002 der Physiker und Informatiker Neil Gershenfeld am MediaLab des Massachusetts Institute of Technology (MIT) das erste FabLab der Welt gründete. Eine internationale Fab Charter [1], die am MIT verfasst wurde, verpflichtet alle FabLabs der Welt dazu, sich an einige festgelegte Regeln zu halten. So zum Beispiel ist der Beginn kommerzieller Aktivitäten im FabLab nicht ausgeschlossen, solange sie den Zugang zu den Werkstätten für andere Mitglieder nicht einschränken. Werden die kommerziellen Aktivitäten zu umfangreich, sollten sie jedoch außerhalb des FabLabs weiterverfolgt werden. Zudem ist erwünscht, dass das Fab-Lab und alle, die zum Erfolg beigetragen haben, von diesen Aktivitäten profitieren können. Schwerpunkte der Fab-Charter-Regeln sind der Gemeinsinn: Alle sollen die Geräte und Werkzeuge gemeinsam nutzen. Von Mentoren soll gelernt werden, aber wichtig ist außerdem, dass das Erlernte dokumentiert und an andere weitergegeben wird.

8.2 Weltweit entstehen immer mehr FabLabs

Seit 2002 sind in der ganzen Welt zahlreiche FabLabs entstanden, unter anderem in Afrika oder Asien. Insbesondere in diesen beiden Kontinenten erlangen FabLabs oft zusätzlich dadurch eine hohe Bedeutung, dass sie Nutzern dabei helfen können, lokale Probleme zu lösen. Sie ermöglichen den Besuchern Zugang zu sowohl Produktionstechnologien als auch Produktionswissen, das in vielen Regionen Afrikas und Asiens auf andere Art manchmal schwer zu erlangen wäre.

In Deutschland wurde an der RWTH Aachen im Jahr 2009 das erste FabLab eingerichtet. Seitdem sind sehr viele FabLabs gegründet worden, zunächst in größeren Städten oder in deren Umgebung. Mittlerweile gibt es selbst in manchen kleineren Städten in Deutschland ein FabLab. Im deutschsprachigen Raum nimmt die Anzahl der FabLabs kontinuierlich zu. Abb. 8.1 zeigt einen Workshop im GarageLab, dem Düsseldorfer FabLab.

Literatur

1. www.fab.cba.mit.edu/about/charter/

Messen zu 3D-Druck und Maker Faires

9

Zusammenfassung

Eine wachsende Anzahl von Messen beschäftigt sich mit 3D-Druck. In diesem Kapitel beschreibe ich die beiden am ausführlichsten, welche zum einen in Deutschland sind und zum anderen hier die längste Tradition haben: die EuroMold und die Rapid.Tech. Wenn Sie darüber nachdenken, sich einen eigenen 3D-Drucker zu kaufen oder die Maschinen in allen möglichen Größenmit allen denkbaren 3D-Druck-Technologien einmal „live" bei der Arbeit zu sehen, sollten Sie auf jeden Fall eine dieser beiden Messen besuchen. Ich möchte jedoch auch die jungen Veranstaltungen, deren Zielgruppen Privatanwender sind, nicht vernachlässigen. So zum Beispiel die FabCon oder die MakeMunich. Und nicht zuletzt der Blick über den Tellerrand: Auch im Ausland gibt es zahlreiche Messen zu 3D-Druck. Ich nenne Ihnen hier nur zwei Beispiele als Tipps. Sicher ist, dass es jetzt schon viel mehr gibt und noch viele neue folgen werden.

9.1 EuroMold in München

In Frankfurt am Main fand bis 2014 im vierten Quartal des Jahres regelmäßig die EuroMold [1] statt: die Weltmesse für Werkzeug- und Formenbau, Design und Produktentwicklung. Veranstalter war bis 2015 die DE-

© Springer-Verlag Berlin Heidelberg 2016, P. Fastermann, *3D-Drucken*, Technik im Fokus,   65
DOI 10.1007/978-3-662-49866-8_9

MAT GmbH. Seit 1994 hat sich die EuroMold als eine weltweit führende Fachmesse etabliert. Das Konzept der Messe heißt: „Vom Design über den Prototyp bis zur Serie". Neben 3D-Druck-Anlagen finden Sie hier auch Gießereitechnik und alle möglichen Rapid-Prototyping-Anlagen. 2015 fand die EuroMold zum ersten Mal im September und in Düsseldorf statt. Im Jahr 2016 wurde sie von der Firma airtec GmbH & Co. KG übernommen und soll im vierten Quartal des Jahres auf dem Messegelände München stattfinden.

9.2   Rapid.Tech in Erfurt

Jeweils im Mai oder Juni findet seit 2004 in Erfurt die Rapid.Tech [2] – die Fachmesse und Anwendertagung für Rapid-Technologien – statt. Diese Messe fokussiert ausschließlich auf 3D-Druck und Rapid Prototyping. Sie ist kleiner, dafür aber familiärer und überschaubarer als die EuroMold. Schwerpunkt ist die industrielle Nutzung des 3D-Drucks, besonders die direkte Fertigung von Endprodukten und deren Komponenten. Die Aussteller zeigen auf der Rapid.Tech ihre Produkte, Maschinen und Dienstleistungen rund um das Thema generative Fertigung. Zudem informieren Experten aus verschiedenen Ländern in Vorträgen über neueste Ergebnisse, Trends und Anwendungen von additiven Fertigungstechnologien.

9.3   FabCon 3.D – ebenfalls in Erfurt

Im Rahmen der Rapid.Tech wurde vom 14. bis 15. Mai 2013 zum ersten Mal die FabCon 3.D [3] veranstaltet. Aussteller bei dieser ersten Personal Fabrication Convention waren zahlreiche Anbieter von 3D-Druckern für den semiprofessionellen Anwender sowie viele 3D-Druck-Dienstleister. Die FabCon 3.D will damit private Nutzer von 3D-Druck-Technologien ansprechen – und könnte deshalb gerade für Privatanwender zusätzlich interessant sein. Da FabCon 3.D und Rapid.Tech auf demselben Gelände der Messe Erfurt stattfinden, lohnt es sich einfach, bei einem Besuch der Rapid.Tech auch die kleinere Sondermesse zu besuchen.

9.4 Inside 3D Printing

Die Inside 3D Printing ist eine zweitägige Messe, die sich professionell mit 3D-Druck und additiver Fertigung befasst. Sie findet weltweit statt und bietet als Event den Konferenzteilnehmern einen Einblick in 3D-Druck-Business-Anwendungen, Vorträge durch Experten und Vorführungen der neuesten Technologien. Sie fand 2014 und 2015 in Berlin statt. 2016 war der Ort der Veranstaltung Düsseldorf, wo die Messe parallel zur METAV stattfand. Die METAV (Internationale Messe für Technologien der Metallbearbeitung) findet jährlich in Düsseldorf statt. Seit einigen Jahren wird im kleinen Rahmen während der METAV auch zu 3D-Druck ausgestellt. Mit über 1400 Besuchern aus 52 Ländern bei der Inside 3D Printing im Jahr 2016 wird diese Messe in Deutschland immer wichtiger. [4]

9.5 Maker Faire Hannover und MakeMunich

In den USA fand der erste *Maker Faire* bereits 2006 in Kalifornien statt. Mittlerweile werden weltweit Maker Faires organisiert. Ziel dieser Veranstaltungen ist, dass sie nicht kommerziell sind, sondern Menschen mit ihren Ideen und Projekten zusammenbringen. Teil der Maker Faires ist auch 3D-Druck.

Im August 2013 wurde in Hannover von der Zeitschrift c't/Hardware Hacks ein Maker Faire [5] veranstaltet. Nach Aussagen der Veranstalter nicht als Technikkonferenz, sondern als „eine Messe, auf der Maker, Bastler, Erfinder, Tüftler, Hacker und Künstler ihre Projekte präsentieren können." Mit nahezu 5000 Besuchern war das Event ein großer Erfolg. Seitdem finden in Deutschland regelmäßig Maker Faires statt, bei denen sich Bastler und Tüftler austauschen.

In München gab es im April 2013 zum ersten Mal die Make Munich. Ihre erste erfolgreiche Messe beschreiben die Veranstalter so: „Die Make Munich schaffte es erstmalig in Süddeutschland, den in ganz Deutschland agierenden Makern eine Plattform zum Austausch zu ermöglichen und sie in Form einer familienfreundlichen, bunten, zweitägigen Messe der Öffentlichkeit zu präsentieren. Die Lust am Selbermachen taucht heutzutage mit dem Wunsch nach mehr Individualität auf. Der kreative

Umgang mit Technik ist ein weiterer Weg, sich in modernen Zeiten wieder zu mehr Selbstbestimmung zu verhelfen. Diese Bedürfnisse bringen weltweit immer mehr FabLabs und Hackerspaces sowie künstlerisch tätige Individuen hervor. Wir möchten all jenen ein einzigartiges Forum zur Verfügung stellen. Wir bringen Technik-Enthusiasten und interessierte Menschen zusammen." [6] Seit 2013 gilt die weiterhin regelmäßig stattfindende Make Munich als Süddeutschlands größtes Maker- und Do-it-yourself-Festival.

9.6   Show Additive Manufacturing

In London fand 2012 zum ersten Mal die Messe 3D Print Show [7] statt. Wegen des großen Erfolgs direkt im ersten Jahr wurde sie schon 2013 auf weitere Länder erweitert. Nicht nur stellen auf dieser Messe zahlreiche Künstler ihre mittels 3D-Druck geschaffenen Kunstwerke aus, sondern ebenso werden Seminare, Workshops und Runde Tische zu 3D-Druck angeboten. Auch die großen Hersteller von 3D-Druckern sowie 3D-Druck-Dienstleister sind dort vertreten. Neben einer Kunstausstellung werden außergewöhnliche Produkte sowie innovative oder einfach nur Spaß machende Objekte für den Alltag vorgestellt. Medizin, Bildung und Mode sind großen Themen. Das Zielpublikum für diese Messe ist Fachpublikum ebenso wie interessierte Privatpersonen. Im Jahr 2016 wurde die 3D Print Show als Messe „Additive Manufacturing" ein Teil von zwei noch größeren Veranstaltungen, von denen eine in Europa und die andere in Nordamerika stattfand – und so ist sie jetzt als Additive Manufacturing Europe bekannt. Im Jahr 2016 fand die Messe in Amsterdam statt.

9.7   3D Printing Event – Niederlande

Wenn Sie nach 3D Printing Event suchen, werden Sie zu zahlreichen 3D-Druck-Ereignissen im Nachbarland Niederlande geführt. Das Repertoire wird ständig erweitert. An verschiedensten Orten in den Niederlanden finden Events zu unterschiedlichsten Bereichen des 3D-Drucks statt – das geht von der 3D Printing Electronics Conference über die 3D Design & Engineering Conference bis hin zur 3D Food Printing Conference. [8]

Literatur

1. www.euromold.com
2. www.rapidtech.de
3. www.fabcon-germany.com
4. www.inside3dprinting.de
5. www.de.amiando.com/makerfaire2013.html?page=914341
6. www.make-munich.de
7. www.amshow-europe.com
8. www.3dprintingevent.com

3D-Druck-Dienstleister oder eigener 3D-Drucker – was spricht wofür?

Zusammenfassung

Bei der gegenwärtigen großen Aufmerksamkeit, die 3D-Druck genießt, denken einige von Ihnen vielleicht darüber nach, sich ihren eigenen 3D-Drucker für zu Hause zu kaufen. Es liegt sicher für manche im Rahmen des Vorstellbaren, 500 bis 2000 EUR zu investieren, um eine eigene kleine Maschine für sich produzieren zu lassen. Oder ist es doch sinnvoller, auf einen 3D-Druck-Dienstleister zurückzugreifen? In diesem Kapitel erörtere ich dazu das Für und Wider.

10.1 Ein klares „Ja" zum eigenen 3D-Drucker?

Wer Tüftler, Bastler, Erfinder oder Entwickler ist, dem beantwortet sich die Frage nach dem Drucker-Kauf vermutlich von ganz allein mit einem klaren „Ja". An seinem eigenen 3D-Drucker jederzeit zu experimentieren, die konstruierten Modelle nach Bedarf verändern, umkonstruieren, erneut produzieren zu können, ist sehr attraktiv. Wer für andere mitproduziert oder seine Bauteile als Kleinserien verkaufen kann, hat die Investition für einen preiswerten 3D-Drucker – wie zum Beispiel den Ultimaker, den Orcabot, den PRotos oder den MakerBot – schnell wieder eingeholt.

© Springer-Verlag Berlin Heidelberg 2016, P. Fastermann, *3D-Drucken*, Technik im Fokus, 71
DOI 10.1007/978-3-662-49866-8_10

10.2   Oder doch nur „Vielleicht"?

Spricht auch etwas gegen die Anschaffung eines eigenen 3D-Druckers – vorausgesetzt sei jetzt immer, dass Sie sich zum einen sehr intensiv und kreativ damit beschäftigen möchten und zum anderen 500 bis 2000 EUR zu investieren bereit sind?

Ich meine: ja, wenn auch nicht sehr viel. Das Folgende sind nur Überlegungen, die sicher niemanden von einem festen Entschluss, einen 3D-Drucker zu erwerben, abhalten werden.

10.3   Einige gute Gründe dafür, einen 3D-Druck-Dienstleister zu beauftragen

Ein eindeutiger Nachteil ist, dass Sie mit einem eigenen 3D-Drucker auf ein einziges Verfahren eingeschränkt sind. Bei den preisgünstigeren Druckern ist das in der Regel das FDM (Fused Deposition Modeling) oder das FFF (Fused Filament Fabrication)-Verfahren, bei welchem ein Kunststofffaden geschmolzen wird. Wie jedes Verfahren, so hat auch dieses seine Vor- und Nachteile. Vorteile zum Beispiel sind die Stabilität des Bau-Materials und sein geringer Preis. Andere 3D-Druck-Herstellungsverfahren bieten jedoch oft eine feinere Oberfläche, so zum Beispiel das Stereolithografie-Verfahren. Mit Hilfe von Crowdfunding wurde im Jahr 2012 der Stereolithografie-3D-Drucker Form 1 von Formlabs entwickelt und auf den Markt gebracht. Die Modelle des mit Kunstharz arbeitenden 3D-Druckers haben eine erheblich höhere Auflösung und feinere Oberfläche, als sie vom FFF-Verfahren erwartet werden können. Mit dem Form 1+ gibt es jetzt schon das Nachfolgemodell. Gegenwärtig jedoch würde mit dem Preis das von mir anfänglich genannte Limit von 2000 EUR mit dem Erwerb dieses 3D-Druckers noch leicht überschritten. Unter dem Preislimit bleibt der Nobel von XYZ Printing, der ebenfalls im Stereolithografie-Verfahren Modelle aus Kunstharz drucken kann. Es ist zu erwarten, dass in naher Zukunft mehr und mehr auch für Privatanwender bezahlbare 3D-Drucker auf den Markt gebracht werden, die mit dem Stereolithografie-Verfahren arbeiten. Im DLP (Digital Light Processing)-Verfahren kann der mUVe DLP Pro 3D-drucken (www.muve3d.net). Aber ungeachtet dessen: Der Nachteil daran, einen eigenen 3D-Drucker zu haben, ist neben den Wartungs- und Instand-haltungskosten – die auch dann entstehen, wenn Sie ihn selten oder gar nicht nutzen –, dass Sie nur auf ein Druck-Verfahren zurückgreifen kön-nen. Wer nicht dauerproduziert und Modelle entwickelt, ist oft besser beraten, seine Modelle an einen 3D-Druck-Dienstleister zu schicken und sich diese dort in einem beliebigen Verfahren produzieren zu lassen. Oder in abwechselnden Verfahren – abhängig allein davon, welches sich für ein bestimmtes Modell am besten eignet. Brauchen Sie gerade ein kleines Teil mit einer feinen Auflösung, das sich im PolyJet-Verfahren drucken lässt? Oder haben Sie sich soeben eine Kühlerhaube als Prototyp konstruiert, für die sich allein wegen der Größe kaum ein anderes Ver-fahren als das Selektive Lasersintern eignet? Auch die Bau-Materialien, die Dienstleister anbieten, sind vielfältig. So können Sie bei einigen mittlerweile schon in Gold oder Silber 3D-drucken lassen.

10.4   Wenn Sie einen 3D-Drucker kaufen möchten: Nehmen Sie sich genug Zeit dafür!

Wenn Sie mehr Geld investieren möchten und sich vielleicht als mittel-ständisches Architekturbüro eine bürotaugliche kleine Industriemaschine zu erwerben überlegen: Lassen Sie sich mit der Auswahl etwas Zeit. Sehr sinnvoll ist es, sich vor dem Kauf ein Benchmark mit einem von Ihnen in die engere Wahl gezogenen 3D-Drucker produzieren zu lassen. Schi-cken Sie dem Hersteller dazu ein typisches 3D-Modell, wie es in Ihrer Branche gedruckt würde. So können Sie sicher sei, dass der 3D-Drucker sich für genau die Modelle eignet, die Sie damit fertigen möchten. Die Hersteller drucken Ihnen in der Regel gern ein kostenfreies Muster Ihres eigenen 3D-CAD-Modells aus.

Selbstverständlich stellen die Hersteller Ihnen auch Musterbauteile zur Verfügung. Zum einen aber sind diese Musterbauteile oft so entwor-fen, dass sie für das jeweilige 3D-Druck-Verfahren ungünstige Geome-trien vermeiden. Zum anderen können Sie, wenn Sie sich Ihre eigenen Modelle als Muster fertigen lassen, mit den Ihnen bekannten Abmessun-gen etwaige Abweichungen ermitteln. Lassen Sie sich vom Hersteller neben den Kosten für die Verbrauchsmaterialien auch die Energiekosten und die Baugeschwindigkeit der Maschine sowie den Nachbearbeitungsaufwand der gedruckten Bauteile möglichst genau nennen. Auch sollten Sie den Preis für Verschleißteile der Maschinen, wie zum Beispiel Laser oder Druckköpfe, erfragen.

► **Wichtig** Um potenziellen Kunden ihre Technologie zu vermitteln und außerdem ihre Maschinen vorzustellen, bieten mehr und mehr Hersteller von 3D-Druckern kostenlose Webinars an. Das sind Seminare, die über das World Wide Web gehalten werden. Wenngleich der Interessen-Schwerpunkt der Hersteller sicher darauf liegt, ihre Maschinen zu vertreiben, lohnt sich die Teilnahme an diesen kostenlosen Seminaren in jedem Fall, um sich über die 3D-Druck-Technologie zu informieren.

Open-Source-3D-Drucker oder Profi-Maschine?

Zusammenfassung

Bei der extrem schnellen Entwicklung auf dem Markt wäre es sehr voreilig, die eine oder andere 3D-Drucker-Marke zu empfehlen. Am wichtigsten ist es, dass Sie sich zuerst darüber im Klaren werden, wofür Sie den 3D-Drucker brauchen und welches Leistungsspektrum Sie sich wünschen. Soll es ein Open-Source-3D-Drucker im Rahmen von 500 bis maximal 5000 EUR sein? Oder doch vielleicht eine Profi-Anlage, die deutlich über diesem Preis liegt? Bürotaugliche Profi-Anlagen können Sie ab 10.000 EUR bekommen.Nach oben sind keine Grenzen gesetzt, aber es bleibt zu überlegen, ob sich eine hohe Investition vom Kosten-Nutzen-Aufwand für ein kleines oder mittleres Unternehmen lohnt.Mit einer „bürotauglichen" 3D-Druck-Anlage meine ich eine Maschine, die auf einem größeren Schreibtisch Platz finden kann und so produziert, dass keine aufwendigen Arbeitsschutzmaßnahmen erforderlich werden. Ob Sie in dem Raum, in welchem der 3D-Drucker druckt, arbeiten können oder möchten, hängt von der jeweiligen Maschine ab. Die meisten Menschen arbeiten auch nicht gern in einem Raum, in welchem den ganzen Tag ein Fotokopierer läuft. Als „bürotauglich" bezeichne ich deshalb die 3D-Drucker, von denen keine größere Geräusch- und Geruchsbelästigung ausgeht als von einem herkömmlichen Fotokopierer.

© Springer-Verlag Berlin Heidelberg 2016, P. Fastermann, *3D-Drucken*, Technik im Fokus, DOI 10.1007/978-3-662-49866-8_11

11.1   Open-Source-3D-Drucker –
vom Anfang bis zur Gegenwart

11.1.1   Zur Entstehungsgeschichte
der Open-Source-3D-Drucker

Open-Source-3D-Drucker sind erheblich preisgünstiger als kleine Profi-
oder Industriemaschinen. Um zu erklären, wie sich Open-Source-3D-
Drucker entwickelt haben, muss ich weiter ausholen.

Der Drucker mit dem Namen RepRap war der erste 3D-Drucker, der
als Open-Source-3D-Drucker bekannt wurde. Daraus dass der RepRap
in der Lage ist, die zu seinem Bau erforderlichen Kunststoffteile selbst
zu produzieren, ergibt sich sein Name: Replicating Rapid Prototyper –
RepRap –, der sich selbst replizieren, das heißt vervielfältigen kann. Weil
sowohl die Baupläne für den 3D-Drucker als auch die erforderliche Software als Open Source zur Verfügung stehen, ist es jedem gestattet, ihn
nachzubauen oder weiterzuentwickeln.

Besonders sympathisch wirkt die Grundidee, aus welcher der RepRap-
Drucker entstand: Adrian Bowyer, Ingenieur und Mathematiker, lehrte
2004 Maschinenbau an der Universität Bath in England, als er das Mani-
fest „Wealth without money" (auf Deutsch etwa: Wohlstand ohne Geld)
veröffentlichte. Grundgedanke dieses Aufsatzes ist es, dass Geld an sich
keinen Wert habe und nur ein Mittel zum Zweck sei. Geld ermögliche
jedem, der darüber verfüge, das zu erwerben, was andere produziert
haben. Wenn nun jeder Mensch Zugang zu einem 3D-Drucker wie dem
RepRap hätte, könnte er das, was er braucht, selbst herstellen. So würde Geld überflüssig. Wohlstand – in dem Sinne, dass alles, was der
Einzelne zu einem Leben benötigt, ihm zur Verfügung stünde – wäre
sogar für diejenigen erreichbar, die gar kein Geld besäßen. Ziel wäre
es, die Menschen von der Industrie unabhängig zu machen. Weil sie
all das, was gegenwärtig aus den Fabriken kommt, selbst herstellen
könnten.

Es folgten viele neue 3D-Drucker dieser Art, schon fertig montiert
oder als Bausätze zum Selbstzusammenbau. Mit RepRaps werden inzwischen ganze Musikinstrumente gedruckt. Dabei wird mit allen möglichen
Bau-Materialien experimentiert und sogar versucht, Blutgefäße mit Hilfe
von RepRaps zu drucken.

Auf Basis des RepRapPro Mono Mendel entwickelte das von Adrian Bowyer geführte Unternehmen RepRapPro im Jahr 2013 einen Open-Source-3D-Drucker, der mittels seiner drei Druckköpfe drei verschiedene Filamente, also drei unterschiedliche Farben, in einem Druckvorgang verwenden kann (www.reprappro.com/documentation/mendel-tricolour).

11.1.2   Was sollten Sie beim Kauf eines Open-Source-3D-Druckers beachten?

Mittlerweile gibt es zahlreiche Open-Source-3D-Drucker. In der Regel sind sie zu Preisen ab rund 500 EUR zu erwerben. Ganz sicher ist, dass es immer mehr werden. Aus diesem Grund möchte ich Ihnen keinen speziell empfehlen, weil noch während ich dies schreibe, vermutlich schon ein Tüftler dabei ist, einen noch besseren, noch preisgünstigeren, gerade für Ihre Bedürfnisse viel geeigneteren 3D-Drucker auf den Markt zu bringen. Die Maschinen werden ständig optimiert, so dass die Auswahl schwer fällt.

Zudem kenne ich verschiedene Besitzer von 3D-Druckern für den Hausgebrauch, von denen der eine den Ultimaker, der Nächste den OrcaBot und der Dritte den PRotos für eindeutig den besten hält und das auch mit persönlichen Beispielen belegt. Durch Open Source haben Sie den Vorteil, dass Sie kostenlos an allen Verbesserungen teilhaben und – wenn Sie möchten – selbst mitverbessern können. Bei Fragen zum Drucker finden Sie im Internet immer ein Forum von Hilfswilligen. Wenn Sie beabsichtigen, sich einen 3D-Drucker für den Hausgebrauch zu beschaffen, ist ein Seminar zum Selbstzusammenbau sehr nützlich. Das heißt: In einem Wochenendseminar bauen Sie unter fachgerechter Anleitung den 3D-Drucker zusammen, um ihn anschließend mit nach Hause zu nehmen. Der Preis für diese Workshops entspricht oft dem, was der 3D-Drucker kosten würde, wenn Sie ihn bereits fertig zusammengebaut bestellen. Der Vorteil an einer Workshop-Teilnahme ist, dass Sie danach jede Schraube Ihrer eigenen Maschine genau kennen und durch das Learning by Doing in dem Workshop gleich sehr viel an Wissen über den eigenen 3D-Drucker sowie über das 3D-Drucken überhaupt mitneh-

Abb. 11.1 Beispiel für einen Open-Source-3D-Drucker; das Bau-Material (Filament) sind die aufgerollten rosa Kunststofffäden (Fasterpoly)

men. Viele der Hersteller bieten solche Seminare an. So zum Beispiel die German RepRap GmbH in München, bei der man in einem Seminar deren selbst produzierte 3D-Drucker zusammenbauen kann. Sehr viele FabLabs bieten ebenfalls Seminare zum Zusammenbau von 3D-Druckern an. Abb. 11.1 zeigt einen Open-Source-3D-Drucker – hier den Ultimaker (www.ultimaker.com) – bei der Arbeit.

11.2   Oder eignet sich für Sie ein Closed-Source-3D-Drucker oder sogar eine Profi-3D-Druck-Anlage?

Die derzeit dominierenden Hersteller von professionellen 3D-Druck-Anlagen sind die US-amerikanischen Unternehmen 3D Systems (www.3dsystems.com) und Stratasys (www.stratasys.com). Bei beiden können Sie 3D-Druck-Anlagen in allen vorstellbaren Preiskategorien kaufen, und auch bei den verschiedenen 3D-Druck-Technologien haben Sie eine überwältigende Auswahl. Es wird schwierig, diese ein wenig einzuschränken. Da ich direkt am Anfang die zwei großen Hersteller erwähnt habe, möchte ich Ihnen auch sofort jeweils ein Produkt von diesen vorstellen, für das Sie sich entscheiden könnten: Den Maker-Bot Replicator 2X der Tochterfirma MakerBot von Stratasys oder den CubePro von 3D Systems. Beide arbeiten mit dem FDM-Verfahren, beide haben keine besonderen Anforderungen an den Aufstellungsort. Der CubePro druckt mit eigenem Kunststofffilament von der Rolle und arbeitet mit einem sauber geschlossenen Kartuschensystem. Das ist im Gebrauch kostspieliger als das bei den meisten der vergleichbaren Drucker verwendete Filament. Für mit vielen Open-Source-Maschinen von der Druck-Qualität vergleichbar halte ich derzeit den MakerBot Replicator 2X und den CubePro. Nur dass sie eben nicht Open Source sind. Dafür haben Sie den Vorteil, dass der 3D-Drucker fertig zu Ihnen kommt, Sie wissen genau, welche Qualität Sie erwarten können und haben den Support eines renommierten Herstellers. Dass mittlerweile 3D-Drucker dieser Art über den Elektronik-Versandhandel oder im Baumarkt angeboten werden, bedeutet wohl, dass die Hersteller diese Maschinen für solide genug entwickelt und ausgereift halten, um sie dem großen potenziellen Markt der Privatanwender zu verkaufen. Der CubePro erfreut viele mit seinem schlichten Industriedesign – wie sein Name sagt, sieht er ein wenig aus wie ein Würfel. Die meisten anderen kleinen 3D-Drucker wirken dagegen eher grob. In Abschn. 10.3 habe ich Sie auf den Stereolithografie-3D-Drucker Form 1+ des Herstellers Formlabs (www.formlabs.com/de) aufmerksam gemacht, der in hoher Auflösung drucken kann. Wenn Sie noch etwas Geld drauflegen, können Sie – zu einem ungefähr vergleichbaren Preis wie dem des CubePro –

den Form 2 von Formlabs erwerben. Derzeit kostet er rund 3300 EUR.
Selbst wenn der Form 2 sich auf den ersten Blick nicht stark vom Form
1+ unterscheidet, ist er doch noch viel leistungsfähiger: Mit einem um
50 Prozent stärkeren Laser und einem größerem Bauraum, der gut 42
Prozent mehr als der des Form 1+ beträgt.

Immer wieder gern empfehle ich den Objet24 oder den Objet30 Pro
der Firma Stratasys. Ich habe lange auf einer kleinen Objet-Anlage
produziert und sie als sehr bedienerfreundlich erlebt. Wenn Sie sich
Abb. 11.2 ansehen, werden Sie feststellen, dass der Drucker tatsächlich ein wenig an einen Fotokopierer erinnert, dessen Haube sich
auf- und zuklappen lässt. Diese Maschinen arbeiten mit dem PolyJet-
Verfahren. Selbst der Luxus-Autohersteller Bentley Motors Ltd. nutzt
einen Objet30-Pro-3D-Drucker in seinem Design-Studio, um damit Au-
toteile als Prototypen auszudrucken [1].

Allein für den Hausgebrauch sind sie zu teuer, aber für ein kleines
oder mittleres Unternehmen wird sich die Investition von rund 15.000
bis 20.000 EUR für eine solche Anlage möglicherweise rechnen. Das
setzt jedoch voraus, dass regelmäßig Teile eines recht ähnlichen Typs,

Abb. 11.2 Der 3D-Drucker
Objet30 Pro (Stratasys)

das heißt mit einem ähnlichen 3D-Druckverfahren, produziert werden sollen.

Mehr und mehr verbreitet sich in Deutschland die Überzeugung, dass die Zukunftstechnologie 3D-Druck ihren Weg nicht allein in die Universitäten, sondern schon vorher in die Schulen finden muss. In der Praxis veranlasst das die professionellen Hersteller der Maschinen, einige ihrer 3D-Drucker als preiswerte Gesamtpakete, die in einem definierten Rahmen sowohl Wartung als auch Material einschließen, für den Bildungsbereich anzubieten. So zum Beispiel gibt es den Objet30 Scholar von Stratasys, der so viel leistet wie der Objet30 Pro, aber zu einem Sonderpreis an Schulen verkauft wird.

Betrachten Sie diese Auflistungen von Marken nur als richtungsweisende Empfehlungen. In der nächsten Zeit werden sicher weitere 3D-Drucker auf den Markt gebracht werden, so dass Sie sich am besten bei den Herstellern beraten lassen. Sehr wichtig ist aber, dass Sie bereits vor dem Kauf entscheiden, was Sie mit dem Drucker herstellen und welche 3D-Druck-Technologie Sie nutzen wollen.

▶ **Wichtig** Eine Preisvergleichsseite für 3D-Drucker (Angaben in US-Dollar) findet sich unter www.3ders.org/pricecompare/3dprinters.

Literatur

1. www.3ders.org/articles/20130912-inside-luxury-bentley-uses-stratasys-3d-printing-in-car-design.html

3D-Scannen wird immer einfacher $\quad$ 12

Zusammenfassung

Jeder kennt mittlerweile zweidimensionales Scannen. In vielen Privathaushalten steht ein Scanner auf dem Schreibtisch oder ist direkt schon in den Drucker integriert. Beim zweidimensionalen Scannen wird die Textur von Gegenständen digital erfasst – jedoch nur auf einer Ebene. Die Helligkeit der Bildpunkte wird sowohl in einem horizontalen als auch in einem vertikalen Raster aufgenommen. Damit enthält das fertige Bild Pixel ohne eine Tiefeninformation. Legte man ein dreidimensionales Teil auf einen 2D-Scanner, so würden beim Einscannen die weiter entfernten Bereiche zumeist nur unscharf erfasst. Dieses Kapitel geht darauf ein, wie 3D-Scannen funktioniert. Außerdem wird an einigen Beispielen aus der Industrie und der Kultur aufgezeigt, dass die Technologie inzwischen unverzichtbar geworden ist. Besonders ausführlich möchte ich jedoch darauf eingehen und erläutern, was Sie als Privatanwender jetzt schon mit 3D-Scannen anfangen können und wie es sich sehr schnell weiterentwickeln wird.

12.1 Wie funktioniert 3D-Scannen?

Ziel des dreidimensionalen Scannens ist es, die räumliche Anordnung der Oberfläche eines Objekts richtig aufzunehmen. Mit anderen Worten:

© Springer-Verlag Berlin Heidelberg 2016, P. Fastermann, *3D-Drucken*, Technik im Fokus, $\quad$ 83
DOI 10.1007/978-3-662-49866-8_12

Mit Hilfe von Laserstrahlen wird beim dreidimensionalen Scannen die Oberflächengeometrie von Objekten digital erfasst. Ebenso kann ein *3D-Scanner* die Geometrie eines Objekts als dreidimensionale *Punktwolke* aufnehmen – dadurch, dass ein Taster als Roboterarm oder manuell über das Objekt bewegt wird. Die erfasste Punktwolke ist eine Menge von dreidimensionalen Abtastpunkten. Zusätzlich zu dem vom 2D-Scannen bekannten horizontalen und vertikalen Raster kommt beim 3D-Scannen noch das Tiefenraster hinzu. Als kleinste Auflösung gilt hier statt des Pixels das Voxel. Zu einem Referenzpunkt des Scanners, der Ursprung genannt wird, werden aus den Winkeln und der Entfernung die Koordinaten der gemessenen Punkte ermittelt. Einzelmaße – seien dies Längen oder Winkel – werden anhand der Punktwolke bestimmt. Ebenfalls lässt sich ein Polygonnetz, das heißt eine geschlossene Oberfläche aus Dreiecken, aus einer Punktwolke konstruieren. Ist dies geschehen, können Sie die Datei am Computer weiterbearbeiten und für den 3D-Druck als STL-Datei exportieren. Sollten beim Scannen Fehler, wie beispielsweise Löcher, entstanden sein, können diese im Anschluss mit einer Reparatursoftware, wie in Kap. 3 beschrieben, ausgebessert werden.

Mit 3D-Scannern ist es möglich, Objekte in fast jeder Größe zu digitalisieren. Bei sehr großen Objekten – wie zum Beispiel Autos und Eisenbahnzügen – ist der Aufwand jedoch erheblich höher als bei kleinen Objekten. Um die eingescannten Datenmengen einigermaßen überschaubar zu halten, wird deshalb bei größeren Objekten meist eine geringere Auflösung als bei kleineren gewählt. Damit wird gleichzeitig die Genauigkeit geringer.

Einen einzelnen Voxel zu scannen dauert nur den Bruchteil einer Sekunde. Zur 3D-Vermessung ist jedoch eine Vielzahl von Messungen notwendig. Hierbei ist die benötigte Zeit sowohl von der Objektgröße als auch von der Auflösungsanforderung und der Objektgeometrie abhängig.

Fast alle 3D-Scanner arbeiten mittlerweile berührungsfrei, so dass selbst sehr fragile oder komplexe Objekte eingescannt werden können, ohne dass die Gefahr besteht, sie zu beschädigen.

12.2   Einsatz von 3D-Scannern in allen Bereichen – nicht nur in der Industrie

Auf nahezu jedem Gebiet gewinnen 3D-Scans an Bedeutung. Für die Industrie ist 3D-Scannen unentbehrlich: Eingescannte Muster und Prototypen können mittels dieser Technik digital gespeichert und vermessen werden. Insbesondere in der Medizintechnik ist 3D-Scannen alltäglich, beispielsweise bei der Computertomografie. Ebenfalls wird die 3D-Scan-Technologie dazu verwendet, Nachbildungen von Knochenstrukturen zu erzeugen. Um Zähne zur Herstellung von Zahnprothesen einzuscannen, sind Scanner mittlerweile eine Selbstverständlichkeit. Auch Hörgeräte werden heute mit 3D-Druck hergestellt. Mit einem 3D-Scanner wird dafür zuvor das Innere des menschlichen Ohrs gescannt. Der Scanner ist mit einer Kamera zum Navigieren im Ohr ausgestattet und das 3D-Modell des Gehörgangs wird anhand der Scan-Daten errechnet. Ebenfalls in der Architektur, der Kunst und der Denkmalpflege nimmt die Nutzung von 3D-Scannen zu. Die Digitalisierung von Kunstwerken dient Museen dazu, Artefakte zu vervollständigen und nachzubilden. Sie dient auch dazu, zerstörte Gebäude nach Vorlagen zu rekonstruieren. So soll zum Beispiel 3D-Druck dabei helfen, die im Oktober 2015 von der Terrormiliz „Islamischer Staat" zerstörte antike Ruinenstadt Palmyra in Syrien wieder aufzubauen. Ein Schritt dazu war 2016 die Rekonstruktion des zerstörten Triumphbogens der Stadt. Das „Institute of Digital Archeology", ein Joint Venture der britischen Oxford University und der US-amerikanischen Harvard University, hat auf Grundlage von 3D-Aufnahmen eine Replik des Triumphbogens 3D-gedruckt. Diese wird ein Teil der Basis dafür sein, die als Weltkulturerbe geltende Ruinenstadt wieder aufzubauen [1].

12.3   3D-Scannen – immer einfacher

Scannen wird auch für Privatpersonen zunehmend einfacher: Schon Anfang 2011 hat das Unternehmen Microsoft die Hardware Kinect entwickelt. Diese war ursprünglich als Hardware zur Steuerung der Xbox-360-Konsole gedacht. Einige einfallsreiche Techniker kamen aber auf die Idee, Microsoft Kinect als 3D-Scanner zu verwenden: Der 3D-Sensor

von Kinect erfasst in Echtzeit das Objekt von allen Seiten und schafft
so von dem Modell ein komplettes 3D-Objekt. Die Hardware kann mit
verschiedenen Softwares benutzt werden, so dass sich STL-Daten damit
erzeugen lassen.

Seit Sommer 2014 ist die auch ohne Konsole erhältliche Sensorleiste
als Scanner für den 3D-Drucker [2] freigegeben. Als besonders sinnvoll und nützlich erweist sich diese Anwendung für die berührungslose
Steuerung von Software, wie zum Beispiel auf großen Displays in Aus-
stellungen oder Museen und zur Erfassung von 3D-Modellen.

Microsoft hat mit 3D Scan in seinem Windows Store auch die entsprechende App dazu zur Verfügung gestellt. Diese App ist kostenlos
und ermöglicht es, in Echtzeit 3D-Farbscans auf den PC zu bringen.
Benötigt wird dazu Windows 10 und aktuelle Hardware. Wenn diese
Voraussetzungen gegeben sind, können die erwünschten Objekte mittels
der zweiten Version von Microsoft Kinect gescannt und in 3D-Modelle
umgewandelt werden. Die Modelle können Sie im Anschluss mit der 3D-
Builder-App nachbearbeiten und so zum Drucken vorbereiten.

Mehr und mehr werden auch die Hersteller auf den Kundenbedarf
an Scannern reagieren. MakerBot/Stratasys hat mit dem MakerBot Di-
gitizer einen 3D-Scanner auf den Markt gebracht, der kleinere Objekte
automatisch abtasten kann. Dieser Desktop-Scanner ist bei vielen Inter-
nethändlern für rund 1000 EUR erhältlich. Durchmesser und Höhe der zu
scannenden Gegenstände dürfen nicht mehr als 20 Zentimeter betragen.
Zum Scannen fokussieren zwei Laser und eine Kamera auf eine drehbare
Plattform. Der Laser markiert die Objekte auf der Plattform, die Kamera
erfasst sie. Schließlich wird mit Hilfe einer Software eine Punktwolke errechnet. Vorkenntnisse in Design oder Konstruktion oder auch nur
CAD-Kenntnisse sind nicht erforderlich, um den 3D-Scanner nutzen und
druckbare Modelle damit erzeugen zu können. Dieser Desktop-Scanner
scannt jedoch nur Konturen und nicht die Farben der Oberflächen.

Die Anleitungen zu Selbstbau-Scannern – die anschließend auf Open-
Source-Plattformen wie zum Beispiel Thingiverse der Öffentlichkeit
zum Nachbau und zur Optimierung freigegeben werden – werden vermutlich weiter zunehmen.

> **Beispiel: 3D-Scanner (Eigenbau)**
>
> Eine kostenlose Anleitung dazu, sich einen eigenen Scanner zu bauen, bietet die Webseite www.hackengineer.com mit einer Kinect-ähnlichen Kamera.
>
> Ebenfalls für Bastler gibt es den Open-Source-3D-Scanner Fab-Scan Pi, der ähnlich wie der MakerBot Digitizer funktioniert, aber nur mit einem Laser. Er ist an der RWTH Aachen entwickelt worden und lässt sich für rund 100 EUR bauen: www.hci.rwth-aachen.de/fabscan.

12.4   Sich selbst dreidimensional scannen lassen

Was besonders viel Spaß macht, ist, sich selbst scannen und anschließend seinen eigenen Kopf reproduzieren zu lassen. Dazu möchte ich Ihnen mein eigenes Beispiel zeigen: Ich habe mich auf der Rapid.Tech-Messe 2013 mit dem FabliTec-3D-Scanner am Stand der German Rep-Rap GmbH [3] einscannen lassen. Das Scannen dauerte nur ein paar Sekunden. Ich nahm dafür auf einem Drehstuhl Platz und wurde einmal langsam im Kreis gedreht, damit eine Aufnahme von allen Seiten entstehen konnte.

Die FabliTec Unternehmergesellschaft, welche diesen Scanner [4] entwickelt hat, wurde erst im März 2013 als Spin-off aus der Computer Vision Group der Technischen Universität München gegründet. Ihr Ziel ist es, die neueste 3D-Scanning-Technologie von Computer-Vision-Forschung auf den Markt zu bringen.

Um den Scanner in Betrieb zu nehmen, wird nicht viel benötigt: 3D-Scanner-Software, ein 3D-Sensor wie zum Beispiel der Microsoft Kinect für die Xbox und ein aktueller PC. Das Vorgehen ist auch recht einfach: Sie erstellen die Modelle im STL-Format (oder auch PLY oder VRML), exportieren sie – und schon haben Sie die druckfertige Datei.

Ein weiterer günstiger und leicht zu bedienender Scanner ist der Cubify-iSense-3D-Scanner, den Sie nur an ein aktuelles iPhone oder iPad anstecken müssen. Dadurch wird die Handhabung deutlich vereinfacht.

Das Scannen ist für Privatpersonen nicht mehr unerschwinglich. Für Besitzer eines eigenen 3D-Druckers wäre es bei den ständig geringer werdenden Preisen für die Scan-Geräte sogar denkbar, einen eigenen

Abb. 12.1 Mein Kopf wurde mit einem einfachen 3D-Scanner gescannt und mehrfarbig im 3DP-Verfahren bei einem Dienstleister ausgedruckt (Fasterpoly)

Scanner zu erwerben. Um so schön bunt wie ich Abb. 12.1 ausgedruckt zu werden, reichen jedoch die Drucker für den Hausgebrauch bisher nicht aus.

Da sollten Sie – zurzeit – doch noch die Leistung einer industriellen 3D-Druck-Anlage in Anspruch nehmen. Das Foto ist nicht nachbearbeitet, denn es soll einen realistischen Eindruck davon vermitteln, was derzeit schon für jeden Privatanwender möglich ist. An dem fertigen Bauteil sehen Sie, dass es ein 3D-Druck ist, der in Schichten aufgebaut wurde. Der Schichtaufbau lässt sich an den meisten 3D-gedruckten Objekten sehr gut erkennen. Aber der Scan ist für einen Scanner, den auch Privatpersonen sich leisten können, beeindruckend: Ich bin in wenigen Sekunden eingescannt worden und der 3D-Scan musste weder repariert noch nachbearbeitet werden. Das Modell konnte eingelesen und als STL-Datei exportiert werden und war sofort druckbar. Die meisten Scanner haben unterschiedliche Schwerpunkte: Dieser eignet sich dafür, Personen einzuscannen.

▶ **Wichtig** Eines sollten Sie beim 3D-Scannen nicht vergessen: Das Copyright. Das Urheberrecht der Ursprungsobjekte sollten Sie bei jedem Scan im Hinterkopf behalten. Allerdings werde ich darauf noch in Kap. 13 ausführlicher eingehen. Wer sich selbst einscannt, kann mit dem Urheberrecht nicht in Konflikt geraten. Wenn Sie für den Eigenbedarf Ersatzteile einscannen, die es nicht zu kaufen gibt, ist das ebenfalls meist unproblematisch.

12.5   Das Smartphone als 3D-Scanner?

Vielleicht ist es in naher Zukunft schon möglich, das Smartphone als hochwertigen 3D-Scanner zu benutzen: Unter dem Titel „A smart camera für your smartphone" entwickelt gegenwärtig das kalifornische Unternehmen Pelican Imaging [5] eine Mikro-Kamera, welche mit 16 Linsen nicht allein gute Fotos machen soll, sondern ebenfalls als mobiler 3D-Scanner verwendet werden könnte.

Die für Smartphones geeignete Kamera kann neben dem eigentlichen Bild auch Tiefeninformationen erfassen, anhand derer der Benutzer nachträglich auf verschiedene Objekte fokussieren, die Distanz von einzelnen Objekten berechnen und auch für den 3D-Druck taugliche 3D-Modelle erstellen können soll.

Mit einer Dicke von nur 3 Millimetern ist diese Kamera rund 50 % dünner als herkömmliche Smartphone-Kameras. Es soll die erste mobile *plenoptische Kamera* sein, die auch Videos erfassen kann. Eine plen-

Abb. 12.2 Das Smartphone als 3D-Scanner (Pelican Imaging)

optische Kamera wird auch Lichtfeldkamera genannt und nimmt das
4D-Lichtfeld einer Szene auf. Eine konventionelle Kamera dagegen ist
nur in der Lage, ein 2D-Bild zu erfassen.

Die folgenden Abbildungen (Abb. 12.2 bis 12.5) zeigen, wie sich das
Gerät verwenden lässt: Während Braut und Bräutigam tanzend Hochzeit
feierten, wurden sie mit dem Smartphone mit der plenoptischen Kamera gefilmt. Anschließend wurden ihre mit Hilfe der Kamera erzeugten
Figuren 3D-gedruckt, um pünktlich zum Dessert auf der eigenen Hochzeitstorte zu stehen. Hier sehen Sie einige Aufnahmen aus dem Video
von Pelican Imaging.

Ende der neunziger Jahre des vergangenen Jahrhunderts war ich bei
einer Hochzeit von Freunden eingeladen. Digitalkameras waren kurz da-
vor, den Massenmarkt zu erobern. Freunde des Hochzeitspaares hatten
sich ausgedacht, ihre neue Digitalkamera sowie zusätzlich einen Laser-
drucker mitzubringen, um alle Gäste für das Hochzeitsgästebuch zu fo-
tografieren und direkt auf Papier auszudrucken.

Von dieser neuen Technologie völlig überwältigt, standen die Hoch-
zeitsgäste staunend neben dem Laserdrucker, um zu sehen, wie ihr eigenes Foto dort ausgedruckt wurde – unmittelbar, bunt und auf Papier.

Abb. 12.3 Während das Hochzeitspaar noch feierte, wurde es schon dreidimensional ausgedruckt (Pelican Imaging)

Das liegt nicht einmal zwanzig Jahre zurück. Inzwischen ist es schwer, noch andere Kameras als Digitalkameras im Handel überhaupt zu finden. Es werden so viele Fotos digital erzeugt und elektronisch verschickt, dass kein Mensch mehr auf die Idee käme, jedes einzelne davon auszudrucken.

Mittlerweile hat das Drucken zusammen mit dem Scannen die dritte Dimension erreicht. Und sicher sehr bald auch den Massenmarkt, so dass – wenn am Abend die Hochzeitstorte zum Dessert angeschnitten wird – eine am Nachmittag gefertigte 3D-Kopie des Hochzeitspaares darauf stehen könnte.

12.6   3D-Scannen in der Kunst – zwei Beispiele

12.6.1   3D-Scanner als „Detektiv": Rubens oder van Dyck?

Ziel des integrierenden EU-Projekts 3D-COFORM [6] war es, die dreidimensionale Dokumentation von Kulturgütern in Institutionen wie zum Beispiel Museen zum Stand der Technik werden zu lassen.

Abb. 12.4 Jetzt ist die Hochzeitstorte komplett (Pelican Imaging)

Abb. 12.5 Die Gäste und das Hochzeitspaar sind überrascht und begeistert (Pelican Imaging)

Bei einem Porträt von Anthonis van Dyck, einem flämischen Künstler aus dem 17. Jahrhundert und Schüler von Peter Paul Rubens, wurde lange Zeit angenommen, dass das Kunstwerk von Rubens selbst geschaffen worden sei. Untersuchungen des Stils ergaben aber, dass das Bild auch van Dyck zugeordnet werden könnte. Studien von Kunsthistorikern, basierend auf historischen Manuskripten, chemischer Analyse der Farbe und sogar Computertomografien legten nahe, dass van Dyck der Schöpfer seines eigenen Porträts gewesen sein könnte.

Die Digitalisierung des Kunstwerks mit einem hochauflösenden Mini-Dome-3D-Scanner unterstützt inzwischen die These. Mit dieser Technologie war es möglich, einzelne Pinselstriche in größerer Detaillierung zu sehen. Hierbei war zu erkennen, dass das Gemälde in Schichten aufgebaut und überarbeitet wurde – was eine für van Dyck, aber nicht für Rubens sprechende Arbeitstechnik war.

Mit dem Mini-Dome-3D-Scanner von 3D-COFORM wurden rund 25.000 Bilder des Kunstwerks gemacht, aus welchen der Computer das komplette 3D-Modell errechnen konnte.

12.6.2   Van-Gogh-Museum scannt Meisterwerke für Replikate

Das Van-Gogh-Museum in Amsterdam hat 2013 damit begonnen, Meisterwerke des niederländischen Künstlers Vincent van Gogh einzuscannen und mittels 3D-Druck in hoher Auflösung zu produzieren. Die sehr hochwertigen Replikate gelten als die gegenwärtig präzisesten Nachbildungen und werden für rund 25.000 EUR pro Stück zum Verkauf angeboten. Der Museumsdirektor Axel Rüger stellt fest, dass ein Laie sie vom Original kaum unterscheiden könne. Weil die Produktion aufwendig ist, werden pro Tag maximal drei Kopien hergestellt, welche anschließend ein Sachverständiger auf ihre Qualität prüft, nummeriert und genehmigt. Die für die 3D-Replikate erforderliche Technologie mit dem Namen Relieffotografie hat das japanische Unternehmen Fujifilm entwickelt. So heißen die Replikate Relievos und sind Teil der „Relievo Collection". Um zu vermeiden, dass die hochwertigen Kopien als Originale ausgegeben oder weiterverkauft werden, wird jedes Replikat mit einem nicht entfernbaren Siegel gekennzeichnet. Pro reproduziertem Kunstwerk sind die Relievos bisher auf 260 Stück begrenzt. So sind zum Beispiel als 3D-Replikate die Van-Gogh-Werke *Sonnenblumen*, *Die Ernte*, *Mandelblüte*, *Boulevard de Clichy* und *Feld unter Sturmhimmel* zu erwerben [7].

> **Beispiel**
>
> Twinkind ist ein Dienstleister in Berlin, Hamburg und Mannheim, der Kunden anbietet, sich dreidimensional scannen und im Pulverdruckverfahren mehrfarbig in Polymer drucken zu lassen. Dazu müssten Sie sich zunächst vor Ort einscannen lassen. Eine circa 20 Zentimeter hohe Figur kostet rund 300 EUR (Stand 2016): www.twinkind.com

12.7   Bald alles mit nur einem Gerät? 3D-Scannen, 3D-Drucken, 3D-Kopieren und 3D-Faxen? Multifunktionsgeräte?

Mittlerweile werden bereits Geräte auf den Markt gebracht, die 3D-Scanner und 3D-Drucker miteinander verbinden. In der Zukunft soll es Maschinen geben, die 3D-scannen, 3D-drucken, 3D-kopieren und 3D-faxen können. Nur ein einziges Gerät wird all das leisten. Ein Beispiel dafür ist die Maschine ZEUS von AIO Robotics, die über den Versandhandel bereits bestellt werden kann. Der All-in-One-3D-Drucker kann sowohl scannen als auch drucken. Das Ziel wäre damit, eine Art 3D-Multifunktionsgerät, wie es sie heute als Drucker gibt, herzustellen [8].

Auch 3D-Multifunktionsgeräte, die als 3D-Drucker, CNC-Fräse und 3D-Laserscanner arbeiten, werden als Desktop-Geräte entwickelt. Das italienische Unternehmen Fabtotum [9] hat ein Gerät hergestellt, das nicht nur 3D-drucken, sondern auch scannen, fräsen, gravieren und drehen kann.

Das polnische Unternehmen ZMorph [10] aus Breslau hat mit dem ZMorph 2.0 SX eine Multifunktions-3D-Bearbeitungsmaschine entwickelt. Mit der Desktop-Maschine lässt sich sowohl 3D-drucken als auch CNC-fräsen und laserschneiden und -gravieren.

Verschiedene, austauschbare Werkzeugköpfe ermöglichen das multifunktionale Arbeiten. So lässt sich der ZMorph 2.0 SX sowohl für additive als auch für subtraktive Verfahren anwenden.

Als Werkstoffe für den 3D-Druck lassen sich alle Standard-Filamente nutzen, so zum Beispiel ABS, PLA, Nylon, PVA oder auch Holz-, Metall- und Keramikfilamente. Es sind drei unterschiedliche Extruder erhältlich: einer für 3-mm-, einer für 6-mm-Filament und ein Dual Extruder zum Druck mit zwei Filamenten. Mit dem CNC-Fräskopf lassen sich unter anderem Plexiglas, Sperrholz und verschiedene Holzarten bearbeiten. Laserschneiden und Lasergravieren kann die Maschine mit folgenden Materialien: Leder, Pappe, Sperrholz sowie EVA-Folie und PVC-Klebefolie. Neben den Multifunktionsfähigkeiten ist bei der Maschine auch attraktiv, dass sie über ein geschlossenes Gehäuse verfügt, auf jeden größeren Schreibtisch passt und zu einem Preis von unter 3000 EUR (Stand 2016) zu erwerben ist.

Literatur

1. blogs.voanews.com/techtonics/2016/04/01/palmyra-triumphal-arch-comes-to-life-in-3-d-printed-display/?from=lister
2. www.computerbild.de/artikel/cb-News-Windows-3D-Scan-Kinect-Microsoft-14621323.html
3. www.germanreprap.com
4. www.fablitec.com
5. www.pelicanimaging.com
6. www.3dcoform.eu
7. www.theguardian.com/artanddesign/2013/aug/24/3d-replicas-van-gogh
8. www.zeus.aiorobotics.com
9. www.fabtotum.com
10. www.zmorph3d.com

Produktpiraterie und Urheberrechte: die gegenwärtige Gesetzeslage

13

Zusammenfassung

Inzwischen wird im Zusammenhang mit 3D-Druck sogar schon von der *Napsterisierung* der klassischen Fertigung gesprochen – und diese befürchtet. Damit ist das unautorisierte Kopieren urheberrechtsgeschützter Medieninhalte gemeint. Das Wort Napsterisierung findet seinen Ursprung in der Musiktauschbörse Napster. Es wurde 2002 vom deutschen Informationswissenschaftler Rainer Kuhlen geschaffen. Stefan Krempl schreibt dazu: „Experten sehen mit 3D-Druckern und vergleichbaren Rapid-Fabrikationsgeräten seit Längerem die Verwandlung der materiellen Produktion in einen rechnergestützten Informationsprozess übergehen."

13.1 Produktpiraterie

Ganz wie in der Musikindustrie längst geschehen, könnte sich schnell eine Produktpiraterie um die 3D-CAD-Modelle entwickeln. Da die Modelle als digitale Daten vorliegen, ist es sehr einfach, sie zu kopieren, zu verteilen sowie Raubkopien der Daten herzustellen. Sobald die 3D-Modelle sich im Internet befinden, sind sie vor Piraterie nicht mehr sicher.

© Springer-Verlag Berlin Heidelberg 2016, P. Fastermann, *3D-Drucken*, Technik im Fokus,   97
DOI 10.1007/978-3-662-49866-8_13

Eine zusätzliche Möglichkeit zum Diebstahl geistigen Eigentums bietet das 3D-Scannen von Objekten. Das können sowohl Kunstwerke als auch Produkte von Wettbewerbern sein. Ein einmal gescanntes Objekt lässt sich in nahezu jedem Material und Maßstab beliebig produzieren. Das gilt ebenso für die neuesten Entwürfe von Premium-Produkten. Durch die Möglichkeit des 3D-Scannens wird die Time-to-Market der Fälscher noch einmal verkürzt.

Es muss aber nicht allein bei wirtschaftlichen Schäden bleiben, die ein solcher Datendiebstahl erzeugt. Produktpiraterie schließt lebensgefährliche Konsequenzen für die Kunden nicht aus: Der Zugriff auf kostengünstige 3D-Drucke aus minderwertigen Bau-Materialien könnte bei Ersatzteilen für Maschinen, Fahrzeuge oder Geräte zu schweren Unfällen führen.

13.2   Urheberrechte

13.2.1   Die Frage des Urheberrechts wird im Bereich 3D-Druck zunehmend Bedeutung einnehmen

Die Frage des Urheberrechts wird sich mit der Verbreitung von 3D-Druck immer zwingender stellen. So ist es nicht gestattet, ein Kunstwerk, beispielsweise eine Skulptur, ohne die Einwilligung des Künstlers oder eines Rechteinhabers zu vervielfältigen. Doch gerade dies ist bald jedem möglich.

Außerdem wird der Schutz für ein Produkt in der Regel durch ein Schutzrecht wie ein Patent, eine Marke, ein Geschmacks- oder Gebrauchsmuster garantiert. Jedoch kann ein Schutzrecht, wie es zum Beispiel bei Legosteinen der Fall ist, bereits ausgelaufen sein. Das heißt: Legosteine dürfen zwar gedruckt werden, aber nicht mit dem Firmenlogo, weil wiederum Logos, Unternehmens- und Warenbezeichnungen meistens durch das Markenrecht geschützt sind.

Hinzu kommt, dass Patente nach derzeitiger deutscher Rechtsprechung zumeist nur den gewerblichen Gebrauch betreffen. Das liegt daran, dass das Patentrecht die gewerblichen Interessen des Erfinders schützen will. So heißt es nach § 11 Nr. 1 PatG, dass Handlungen, die im privaten Bereich zu nicht gewerblichen Zwecken vorgenommen werden, keine Patentverletzungen seien.

Die Zeitschrift c't berichtete schon 2011 darüber, dass die auf der Internet-Plattform Thingiverse zum 3D-Druck zur Verfügung gestellten Steine zum Spielset „Die Siedler von Catan" nicht patentfähig und damit nicht geschützt seien. Patente und Gebrauchsmuster bezögen sich nur auf technische Erfindungen. Spiele und deren Bestandteile würden dadurch in der Regel nicht erfasst [2].

Logos, Unternehmens- und Warenbezeichnungen aber unterliegen dem Markenschutz und können selbst beim 3D-Druck für den privaten Gebrauch Schwierigkeiten bereiten.

Die eigene Herstellung eines 3D-Modells nach einem Vorbild gilt in der Regel als zulässig. Das erklärt sich damit, dass man in diesen Fällen rechtlich zumeist von der Entstehung eines neuen Werks ausgeht. Die Nachbildung von zum Beispiel berühmten Bauwerken für den Modellbau wiederum könne, so die Zeitschrift c't, problematisch werden. Hier gelten oft lange und strikte Urheberrechtsgesetze zu Gunsten des Werks des Architekten.

Wenn ein Dienstleister im Auftrag eines Kunden ein 3D-Modell druckt, hat er dafür gegenwärtig keine Kontroll- oder Haftungspflichten. Trotzdem empfiehlt es sich für Dienstleister, in ihren allgemeinen Geschäftsbedingungen auf diese Tatsache explizit noch einmal hinzuweisen.

Für einen 3D-Druck-Dienstleister ist es am sichersten, sich im Rahmen der AGB seines eigenen Unternehmens vom Kunden bestätigen zu lassen, dass die Datei für das in Auftrag gegebene 3D-Modell von Rechten Dritter frei ist. Des Weiteren sollte sich der Dienstleister vom Kunden von etwaiger Haftung freistellen lassen. Fest steht außerdem: Eine Datei aus einer offensichtlich rechtswidrigen Quelle darf kein 3D-Dienstleister drucken und kein Kunde in Auftrag geben.

Anfang 2016 verkaufte ein eBay-Händler 3D-gedruckte Objekte aus fremden Entwürfen – ohne auf die Urheberin der Dateien hinzuweisen. Er hatte sich das Modell von der Online-Plattform Thingiverse beschafft. Louise Driggers, Schöpferin des Drachenmodells, dessen 3D-Ausdrucke der eBay-Händler vertrieb, hatte das Modell jedoch unter der Bedingung bei Thingiverse eingestellt, dass es nicht kommerziell vertrieben werden dürfe.

Michael Weinberg, Rechtsberater beim 3D-Druck-Dienstleister Shapeways, ist der Ansicht, dass der eBay-Händler sich an die Bedingung der Lizenz hätte halten müssen [3].

Am besten ist es, sich ständig über die Entwicklungen im Bereich 3D-Druck und Recht auf dem Laufenden zu halten.

13.2.2   Was lässt sich gegen Produktpiraterie unternehmen?

Auf welche Art die sich ständig verbessernde Qualität 3D-gedruckter Objekte in den kommenden Jahren ein Problem durch unautorisiertes Kopieren werden kann, ist zurzeit nicht einschätzbar. Insbesondere in den USA jedoch bereiten sich sowohl Firmen als auch Gerichte jetzt schon darauf vor.

Wie lässt sich Abhilfe schaffen? Für Unternehmen wäre es umsetzbar, mit Hilfe von Codes, welche mit den CAD-Dateien verknüpft sind, zu bestimmen, ob, wie oft oder mit welchem Bau-Material ein Modell hergestellt werden darf – zum Beispiel durch DRM (Digital Rights Management). Auch wäre es technisch möglich, dass Bauteile direkt beim Drucken mit einer von außen nicht erkennbaren Seriennummer versehen werden, die nur mit einem Spezialgerät ausgelesen werden kann. Wäre das eine Möglichkeit, Fälschungen vorzubeugen? Wenn der 3D-Drucker direkt bei der Produktion ein Erkennungsmerkmal in das Objekt drucken würde? All das befindet sich zum guten Teil noch in der Entwicklung, und es wird sicher eine Weile dauern, bis diese Technik überall und standardmäßig zum Einsatz kommt [4].

Das US-amerikanische Start-up-Unternehmen Authentise hat als mögliche Lösung gegen Urheberrechtsverletzungen bei 3D-Druck-Dateien ein Streaming-System entwickelt. Das soll so funktionieren, dass die Druckdateien von einem Portal unmittelbar in die 3D-Drucker gestreamt werden. So erhielte nicht der Nutzer das 3D-Modell, sondern nur die Maschine. Dadurch würde die Möglichkeit entfallen, die 3D-Modelle zu kopieren oder zu teilen. Nach dem Druckvorgang würden die Daten sofort gelöscht, so dass nur das gedruckte Objekt übrig bliebe [5].

Literatur

1. http://www.heise.de/newsticker/meldung/US-Patent-schuetzt-DRM-System-fuer-3D-Druck-1729236.html
2. F. Schmieder: Nachbauer und Markenphlegmatiker: Rechtliche Untiefen im Zusammenhang mit 3D-Druck. c't – Magazin für Computertechnik. 15/2011, S. 102–105 (2011)
3. www.heise.de/make/meldung/3D-Piraterie-im-grossen-Stil-auf-eBay-3117032.html
4. www.golem.de/news/infrastructs-3d-drucker-druckt-erkennungsmerkmale-in-objekte-1307-100572.html
5. www.3ders.org/articles/20140404-authentise-launches-streaming-service-for-3d-print-files.html

3D-Druck in der industriellen Anwendung

14

Zusammenfassung

In vielen Bereichen ist 3D-Druck mittlerweile so selbstverständlich, als habe es die Technologie schon immer gegeben. Allen voran in der Luft- und Raumfahrt, der Automobilindustrie und der Medizintechnik. In der Architektur und im Design ist 3D-Druck heute Standard. Neben Schmuck werden sogar schon hochwertige Uhrengehäuse gedruckt, zum Beispiel aus Titan. Um auf alle Bereiche, in denen 3D-Druck inzwischen verwendet wird, ausführlich einzugehen, wäre es notwendig, ein Buch zu schreiben, das sich ausschließlich damit beschäftigt. Deshalb greife ich für dieses Kapitel nur drei Bereiche heraus, die mir interessant erscheinen: die Möbel-Industrie, die Medizintechnik und den Bereich Lehre und Forschung.

14.1 Möbel

In der Möbel-Industrie ist Design ein bedeutender Faktor. Dies gilt insbesondere für hochpreisige Möbel, von denen erwartet wird, dass sie sich durch innovatives Design oder außergewöhnliche Funktionen von preisgünstiger Massenware unterscheiden. Hier kommt 3D-Druck zum Tragen: Standardprodukte können individualisiert, nahezu jede Geometrie und Form kann realisiert werden. Von Vorteil ist außerdem die durch

© Springer-Verlag Berlin Heidelberg 2016, P. Fastermann, *3D-Drucken*, Technik im Fokus, 103
DOI 10.1007/978-3-662-49866-8_14

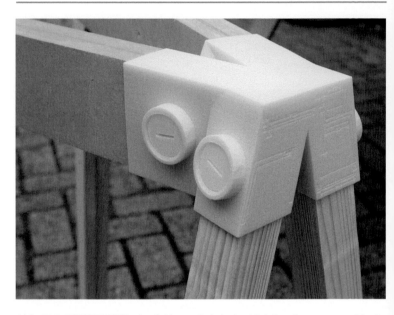

Abb. 14.1 KEYSTONES; der Schlussstein hält das Möbelstück zusammen (Studio Minale-Maeda)

3D-Druck mögliche On-Demand-Produktion, durch welche Lagerkapazitäten eingespart werden und schnelle Design-Änderungen an den Objekten vorgenommen werden können [1].

Könnte 3D-Druck bald großen Möbelhäusern Konkurrenz machen, weil sich jeder seine Möbel selbst ausdruckt? Ich denke, bis es so weit kommt, werden wir eine Weile warten müssen. Der Grund dafür ist, dass das 3D-Drucken derzeit sowohl zu teuer als auch zu langsam ist und sich aus diesen Gründen für die Massenproduktion bisher nicht eignet. Außerdem sind die Bau-Räume der meisten 3D-Drucker zu klein, um in einem Stück große Objekte wie Möbel zu fertigen. Stühle oder Tische müssen deshalb im Moment noch aus mehreren Einzelteilen zusammengesetzt werden.

Es ist dennoch nicht auszuschließen, dass in den Möbelhäusern der Zukunft nur noch Möbel-Prototypen ausgestellt sein werden. Von denen würden erst auf Bestellung weitere produziert. Diese wiederum könnten

Abb. 14.2 KEY-STONES; hier sind die Möbel komplett zu sehen (Studio Minale-Maeda)

individuell an die Kundenwünsche angepasst und jederzeit entsprechend deren Bedarf verändert werden. Insbesondere kleineren Möbelproduzenten oder -Designern würde 3D-Druck damit neue Möglichkeiten bieten. Möbel-Designer könnten aber ebenso gut in ihrem eigenen Studio die Ideen für ihre Entwürfe produzieren und direkt verkaufen. Kleinere Objekte wie Vasen oder Lampen können bereits jetzt als komplette Teile von 3D-Druck-Anlagen umgesetzt werden. Mittels 3D-Druck sind alle nur vorstellbaren Formen realisierbar – selbst solche, die heute als nicht herstellbar gelten.

So bietet das Unternehmen *Freedom of Creation* schon lange in seinem Online-Shop einige 3D-gedruckte Möbelstücke aus unterschiedlichsten Bau-Materialien an – zum Beispiel aus Metall oder aus Keramik: Es gibt unter anderem Lampen, Raumteiler, Tische und Stühle [2].

Beispiele für die Anwendung von 3D-Druck im Möbel-Design zeigen Abb. 14.1 und 14.2 des Werks KEYSTONES von Kuniko Maeda und Mario Minale. Das Designer-Paar betreibt in Rotterdam/Niederlande das Studio Minale-Maeda. Ein Keystone ist ein Schlussstein – und so lässt sich begreifen, was gemeint ist: Die Möbel können als Einzelteile transportiert und an ihrem Bestimmungsort mit dem 3D-gedruckten „Schlussstein" zu einem Teil zusammengefügt werden.

14.2   Medizintechnik

14.2.1   Implantate drucken

Implantate zu drucken ist inzwischen gängige Praxis. Bei einigen 3D-Druck-Systemen besteht die Möglichkeit, die Eigenschaften und die innere Struktur des zu druckenden Materials zu variieren. So gibt es Titan-Implantate mit Eigenschaften, die denen von Knochen gleichen. An den

Abb. 14.3 Prothesenimplantat (Within Technologies)

Stellen, an denen Biegesteifheit und Festigkeit erforderlich sind, ist das Implantat kompakt. Überall dort, wo Knochen in das Implantat hereinwachsen sollen, verfügt das gedruckte Implantat über Gitterstrukturen. Abb. 14.3 zeigt ein solches. Außerdem sind 3D-gedruckte Hüftgelenke erheblich leichter als mit herkömmlichen Verfahren hergestellte: Ein 3D-gedrucktes Hüftgelenk wiegt gerade einmal 200 Gramm. Es ist höchstwahrscheinlich, dass solche Implantate länger im Körper bleiben als herkömmliche, weil durch die Porosität und die feinen Gitterstrukturen das Zusammenwachsen mit den Knochen vereinfacht wird.

Derzeit wird ausgiebig an biokompatiblen Kunststoffen geforscht, welche gleichfalls ähnliche Materialeigenschaften wie reale Knochen haben. Einer der Vorteile von diesen ist, dass sich – im Gegensatz zu Metall-Implantaten – aus Kunststoff hergestellte Implantate selbst in Röntgengeräten neutral verhalten.

14.2.2 Tissue Engineering als Grundlage für Bio-Printing

Tissue Engineering, das bedeutet Gewebekonstruktion, ist in der Medizin mittlerweile ein etabliertes Verfahren. Es handelt sich dabei um eine Herstellungsmethode von biologischem Gewebe durch die Kultivierung von Zellen. Tissue Engineering bietet die Möglichkeit, durch künstlich außerhalb des menschlichen Körpers neu gezüchtetes Gewebe das kranke Gewebe bei Patienten zu ersetzen oder wiederherzustellen.

Zunächst werden dem Patienten dazu körpereigene Zellen entnommen. Anschließend werden diese Zellen im Labor vermehrt. Die Zellen können als Zellrasen kultiviert und später dem Empfänger retransplantiert werden. Oft lässt sich auf diese Art eine Gewebefunktion wieder rekonstruieren. Das Verfahren gibt es in der Medizintechnik seit einigen Jahren. Neu daran ist jedoch die Rekonstruktion aus unterschiedlichen Zellen.

Seit Längerem wird daran geforscht, mit Hilfe von Tissue Engineering menschliche Haut herzustellen. Diese könnte zum Beispiel Brandopfern zu Nutze kommen. Es gelingt bereits seit ein paar Jahren, künstliche Haut zu produzieren, jedoch lange Zeit war das nur in speziellen Laboren in aufwendiger Handarbeit möglich. Mit herkömmlichen Methoden konnten zuvor monatlich nicht mehr als 2000 Hautstücke in der Größe von jeweils einem Quadratzentimeter produziert werden. In der „Fabrik für menschliche Haut" im Bioproduktionslabor BioPoLiS des Fraunhofer IPA in Stuttgart lassen sich gegenwärtig bis zu 5000 daumennagelgroße Hautmodelle monatlich produzieren [3].

14.2.3   Bio-Printing mit embryonalen Stammzellen oder den eigenen Körperzellen

Dr. Anthony Atala, Direktor des US-amerikanischen „Wake Forest Institute for Regenerative Medicine" in North Carolina, erklärte schon in einem CNN-Interview Anfang 2011 [4], wie mit entnommenen und gezüchteten Hautzellen ein flüssiges Material erzeugt werden kann, mit dem sich das entsprechende Hautstück dreidimensional drucken lässt. Als „Bau-Material" verwendet der Drucker Hautzellen. Tissue Engineering in Verbindung mit der 3D-Druck-Technik ergibt die als Bio-Printing bezeichnete Technologie. Bau-Material können sowohl embryonale Stammzellen sein als auch die Körperzellen der Patienten selbst.

Mit dem Verfahren kann menschliches Gewebe hergestellt werden, an dem neue Arzneimittel oder die Toxizität von Stoffen für den Menschen getestet werden sollen. Ohren werden schon in unterschiedlichsten Ländern gedruckt. In der Zukunft könnten mit dem Verfahren auch Organe gedruckt werden. Forscher wollen die Technik so weiterentwickeln, dass es möglich wird, damit für den Menschen implantierbare Organe herzustellen.

So könnte sie auch zur künstlichen Herstellung von transplantierbaren Nieren dienen. Auf der Grundlage von Gewebeproben und einer 3D-Aufnahme der Nieren könnten mit körpereigener „DNA-Tinte" komplette Nieren im Schichtbauverfahren gedruckt werden, die anschließend in den Körper transplantiert werden. Um diese „Tinte" herzustellen, werden zuerst Stammzellenkulturen produziert. Daraufhin wird als eine Art Grundgerüst ein Hydrogel verwendet, in welches die Niere hineingedruckt werden soll.

Wie viele andere 3D-Drucker verfügt auch der Bio-3D-Drucker über zwei Druckköpfe: Der eine baut das Gel, der andere die menschlichen Zellen auf. Damit die Zellen richtig zusammenwachsen können, muss die hergestellte Niere einige Zeit in einer Nährlösung aufbewahrt werden.

Funktionstüchtige, implantierbare Organe zu drucken wäre in der Medizin ein gegenwärtig für einen Laien noch kaum vorstellbarer Fortschritt. Damit ein Organ wie eine Niere in einem menschlichen Körper funktioniert, benötigt sie Blutgefäße für die Sauerstoff- und Nährstoffversorgung. Wissenschaftler denken darüber nach, eine im Labor nicht vollständig zu Ende entwickelte Niere zu transplantieren und den Rest der „Anpassungsarbeiten" dem menschlichen Körper zu überlassen.

Dr. Atala arbeitet außerdem an einem fast futuristisch anmutenden Bio-Printing-Projekt: Mit dem 3D-Drucker erzeugte menschliche Miniaturorgane könnten als „Körper auf dem Chip" („body on a chip") für Medikamententests genutzt werden. Diese tatsächlich auf einem Chip gedruckten Organe wären nicht vollständig funktionsfähig, aber als Leber, Herz und Lunge für Testzwecke ausreichend. Das Projekt wird für unterstützungswürdig gehalten, weil es die Medikamentenentwicklung stark beschleunigen könnte. Gerade wenn es darum geht, auf chemische oder biologische Angriffe schnell zu reagieren – sei dies der Ebola-Virus oder Sarin – müssen Mediziner unmittelbar Gegenmittel parat haben. Zudem könnten durch den künstlichen Körper auf dem Chip in großem Maß Tierversuche reduziert werden. Im Jahr 2015 konnten der Öffentlichkeit bereits Videos von schlagenden Herz-Organoiden sowie ein Leber-Organoid, welches mit einem Herz-Organoid verbunden wurde, gezeigt werden. Die Miniaturorgane haben nur jeweils einen Durchmesser von 0,25 mm [5].

14.2.4 Künstliche Knochen aus Stammzellen herstellen

Forschern an der britischen University of Nottingham ist es gelungen, mit einem Bio-Printer künstliche Knochen herzustellen. Mit der dafür geschaffenen Bio-Substanz wäre außerdem die Heilung von Knochenbrüchen vielleicht viel schneller möglich [6].

Auf Basis eines CT-Scans wird die Grundstruktur eines Knochens gedruckt, es werden anschließend Stammzellen hinzugefügt, um letztlich den Knochen in den menschlichen Körper zu implantieren. Mit der Zeit soll sich die künstliche Struktur im menschlichen Körper auflösen und durch eine neue Knochenstruktur ersetzt werden.

Beispiel

Wie durch einen 3D-gedruckten Stent einem Kind das Leben gerettet wurde

Im Alter von nur sechs Wochen bekam Kaiba Gionfriddo aus Ohio während eines Restaurantbesuchs, zu welchem ihn seine Eltern mitgenommen hatten, plötzlich keine Luft mehr und lief blau an. Die medizinische Diagnose: Tracheomalazie. Dabei handelt es sich um eine Krankheit, bei welcher eine verlangsamte Entwicklung der Luftröhrenknorpel nicht nur zu Atembeschwerden führen, sondern auch die Luftröhre kollabieren lassen kann. Es handelt sich dabei um einen schweren, aber nicht sehr seltenen Geburtsfehler. Ungefähr eines von 2000 Kindern ist davon betroffen. Die Kinder können zwar atmen, aber es besteht die Gefahr, dass die Atmung jederzeit aussetzen kann. Im Fall von Kaiba wurde befürchtet, dass er die Krankheit nicht überleben würde. Jederzeit wäre ein Erstickungstod möglich gewesen. Herkömmliche medizinische Methoden kamen bei der Schwere der Krankheit nicht in Frage, so dass für die Operation mit einer bis dahin unerprobten Methode von der US-Aufsichtsbehörde eine Notfallfreigabe erteilt wurde.

Als Kaiba fünf Monate alt war, wagten Mediziner mit Einwilligung seiner Eltern einen ungewöhnlichen Eingriff, der ihm das Leben rettete: Forscher der US-amerikanischen University of Michigan setzten dem Kind einen 3D-gedruckten Stent ein, um die Luftröhre zu stabilisieren. Dieser Stent war passgenau nach Daten einer Computertomografie konstruiert worden. Als Bau-Material für das Implantat wurde das Polymer Polycaprolacton verwendet, welches vom menschlichen Körper abgebaut werden kann. Erwartet wurde, dass sich das Material innerhalb von drei Jahren auflösen und so das Wachstum von Kaiba nicht behindern würde.

Kaum dass der Stent eingeführt worden war, begann die Lungenfunktionstätigkeit wieder. Seit der Operation im Februar 2012 entwickelt sich Kaiba Gionfriddos Luftröhre normal – wie bei einem gesunden Kind [7].

Diese Operation an Kaiba war die erste ihrer Art, sie hat aber mittlerweile (Stand 2016) mehreren weiteren kleinen Patienten helfen können. Der gesamte Operationsprozess ist inzwischen optimiert und beschleunigt worden. Kaibas langfristige Entwicklung ist natürlich ebenso wichtig wie interessant: 2016 scheint der nun fast vierjährige Kaiba Gionfriddo geheilt, und es geht ihm gut. Die Schiene aus dem 3D-Drucker, die ihm 2012 das Atmen ermöglicht hat, habe sich den Erwartungen entsprechend aufgelöst [8].

14.3   Lehre und Forschung

14.3.1   Daten-Skulpturen: Zahlen haptisch begreifbar machen

Die körperliche Darstellung von Daten hat 7000 Jahre Tradition: Bereits die Sumerer verwendeten vor der Schrift Lehmbrocken unterschiedlicher Größe zur Darstellung von Mengeneinheiten. Ab circa 2500 v. Chr. wurden zunächst von südamerikanischen Indios und später von den Inka die Khipu-Knotenwerke als dezimale Methode numerischer Buchhaltung genutzt. Der 3D-Druck ermöglicht es, diese Kulturtechnik im digitalen Zeitalter neu umzusetzen. Getragen wird dies durch ein wachsendes Interesse, die Menge und Flüchtigkeit digitaler Daten durch ihre Verstofflichung zu flankieren.

Der Düsseldorfer Wirtschaftsingenieur Volker Schweisfurth geht diesen Weg: Sein Projekt „MeliesArt" stellt Datentabellen mit Hilfe des 3D-Druck-Verfahrens als Skulpturen dar [9]. Die bisher etwa handgroßen dreidimensionalen Daten-Skulpturen werden aus einem stabilen Multi-Color-Kunststoff gedruckt. Dabei kommt das Pulverdruckverfahren der Industriemaschinen von 3D Systems zum Einsatz. Die Idee hinter den Daten-Skulpturen ist, dass wichtige Daten so gestaltet werden, dass der Betrachter der Skulptur sie behält. „Behält" darf hier in zweierlei Hinsicht verstanden werden: Zum einen lassen sich diese Daten-Skulpturen auf den Schreibtisch stellen, in die Hand nehmen und mit anderen Betrachtern diskutieren. Zum anderen wird es auch leicht, die mit Hilfe der 3D-gedruckten Skulptur anschaulich gemachten Daten im Gedächtnis zu behalten.

Ein globales Thema, dessen Zahlen für eine Daten-Skulptur verwendet wurden, sei hier am Beispiel *Einkommens-Ungleichheit auf der Welt*

Abb. 14.4   Daten-Skulptur Einkommens-Ungleichheit auf der Welt; Quelle: Melies-
Art/Volker Schweisfurth

erklärt: Nach laufenden UNICEF-Studien verfügen 20 Prozent der Bevölkerung über etwa 82 Prozent der Einkommen, weitere 20 Prozent über
10 Prozent. Die restlichen 60 Prozent der Weltbevölkerung teilen sich 8
Prozent der Einkommen – und dabei haben die ärmsten 20 Prozent nur
1 Prozent der Einkommen. Daran hat sich – bei stark wachsender Weltbevölkerung – in den letzten 25 Jahren nichts geändert. MeliesArt stellt
diese Zahlen anschaulich mit einem gefüllten Glas dar: Das Meiste trin-
ken die reichsten 20 Prozent der Menschheit weg (siehe Abb. 14.4). So
werden Statistiken in greifbare Objekte verwandelt. Die Daten sind zum
Anfassen da.

Auch jenseits solcher Visualisierung sind die Möglichkeiten der
Daten-Skulpturen vielfältig. So werden für Banken und andere Unternehmen, die mit Daten arbeiten und eine große Dichte von Zahlen „auf
einen Blick" vermitteln wollen, mittels dieser Daten-Skulpturen die
Daten im wörtlichen Sinne greifbar. Das physische Modell stellt verständlich und vorstellbar – haptisch – dar, was sonst aus verschiedenen
Quellen erst recherchiert, zusammengefasst und in einer Excel-Tabelle
gegenübergestellt werden müsste. Dem Einsatz der 3D-gedruckten

Daten-Skulpturen steht derzeit noch entgegen, dass die Daten-Fakten-Verkörperlichung nicht überall Tradition hat. Anders als in der Architektur (Modellbau) wird bisher in den Wirtschaftswissenschaften und der Publizistik noch weitgehend darauf verzichtet. Erfinder Schweisfurth hat jetzt schon weiter gedacht: Er plant, seine Objekte mit Informationen zu unterlegen, welche abgehört werden können, sobald sie mit einem Datenstift berührt werden bzw. gedruckte „Investitions-Landschaften" mit Micro-Displays auszurüsten, um Interaktivität dieser – dann hybriden – Objekte zu schaffen.

14.3.2   Daten-Skulpturen werden künftig klüger

Schon heute lassen sich aus 3D-CAD-Programmen für Daten-Skulpturen sowohl Grafiken wie auch Animationen abzweigen. In der Zukunft werden Schnittstellen in Richtung Augmented Reality an Bedeutung gewinnen. Der Trend bei „Sehen 2.0" insgesamt bewegt sich vermutlich in mindestens dreierlei Richtungen: die rasche Entwicklung der 3D-Drucktechnik/des Materialspektrums, die Verbreitung der Wertschöpfungskette (3D-Scantechnik, Augmented Reality, Total Immersion) sowie die Weiterentwicklung der druckbaren Modelle in Richtung Intelligenz. So hat zum Beispiel die Firma Hewlett-Packard (HP) für 2016 3D-Drucker angekündigt, welche das Thema Oberflächen-Haptik voranbringen wollen. Mit der neuen Multi-Jet-Fusion-Technologie sollen besonders glatte Oberflächen entstehen können. Der menschliche Tastsinn wird oft unterschätzt – so kann ein Mensch mühelos 24 Rauheiten mit den Fingerspitzen unterscheiden. Damit wird der Weg frei für entsprechende Konnotationen. Den Durchbruch in der IT könnte Apple mit seinem neuen Trackpad mit haptischem Feedback einleiten. Die 3D-Drucktechnik wird vermehrt den Einbau von Bauelementen in den Druck integrieren. Hier ist einiges Spannendes zu erwarten, und das nicht allein im „Wearable"-Bereich, welchem sich die FlexTech Alliance stellen wird.

Eine Integration von Pneumatik könnte ebenfalls neue Möglichkeiten eröffnen: So wären „atmende" Datenmodelle denkbar, welche zum Beispiel physisch die Änderung von Handelsströmen über die Zeit nachbilden oder auch Farbwechsel anstoßen könnten.

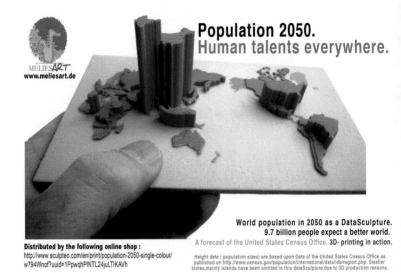

Abb. 14.5 Daten-Skulptur Population 2050 – Human talents everywhere; Quelle: MeliesArt/Volker Schweisfurth

Als Basis für seine Zahlen nutzt Schweisfurth unter anderem globale Daten aus Weltbankberichten, von Transparency International, UNCTAD, dem US Census Office und der jährlichen Forbes-„2000 Companies"-Hitliste.

Abb. 14.5 zeigt ein Beispiel realisierter Modelle.

Selbst aussagestarke Datensätze vergisst der Betrachter jedoch schnell, wenn diese nur interaktiv am Bildschirm kommuniziert werden. Die körperliche Modellierung macht die Daten zu dauerhaften Botschaften. Damit kehrt die körperliche Datenrepräsentation zum ihrem Ausgangspunkt „Kulturtechnik" zurück.

14.3.3 Daten-Skulpturen für Lehre und Forschung

3D-Daten-Skulpturen sind auch ein pädagogisches Projekt. Spätestens seit Frederick Vesters Thesen zur Lernbiologie ist bekannt, dass der

Lernerfolg unter anderem damit gefördert werden kann, dass er zunächst auf einem „Info-Skelett" aufbaut, bevor ins Detail übergegangen wird. Wünschenswert sind viele zusätzliche Assoziationen und zahlreiche Eingangskanäle – also Sehen, Hören und Begreifen. Die 3D-Datenmodelle sind multisensorisch erfahrbar: zum einen durch Haptik, zum anderen durch das „Umrunden" mit den Augen. Zudem sind sie dauerhaft. Auf dem Tisch positioniert, lassen sie sich von den Betrachtern gemeinsam interpretieren und auswerten. Gleichzeitig ist es möglich, den 3D-Objekten Marker anzuheften. Damit sprechen sie auch das Problem der Flüchtigkeit und des oft schwierigen Abholens digitaler Inhalte an. Zusätzlich können sie digitales Material in Vorträgen auftrittsstark begleiten. Begleitforschung scheint hier noch in den Anfängen zu stecken, wird jedoch bereits adressiert:

3D-gedruckte Daten-Skulpturen schaffen mit ihrer Neuartigkeit frisches Präsentationspotenzial. Sie ermöglichen einen Erinnerungs-Mehrwert durch die Nutzung lernbiologischer Faktoren sowie die Möglichkeit, die physischen Objekte aufzubewahren. Nicht zuletzt bieten sie sehr viel narratives Potenzial.

Zugleich gibt es bei den Daten-Skulpturen starke Förderfaktoren für künftige Lehre und Forschung. Kostenlose oder preiswerte 3D-Konstruktions-Software wie SketchUp, Blender usw. laden dazu ein, auf einfache Weise Videos parallel zu den Objekten zu erzeugen. Zwei weitere wichtige Punkte sind, dass große 3D-Modellbibliotheken (Thingiverse usw.) vorhanden sind und sich Low-Cost-3D-Drucker in Schulen und Haushalten weiterhin rasch verbreiten. Diese 3D-Drucker liefern oft schon zwei Kunststoff-Farbstellungen in Parallelverarbeitung und ermöglichen damit Basis-Differenzierungen. Hinzu kommt die zunehmende Verbreitung von Smartphones, welche bereits heute in preisgünstigen Halterungen für eine Virtual-Reality(VR)-Betrachtung von Inhalten herangezogen werden können. Solche VR-Inhalte werden zukünftig auch aus der Konstruktions-Software abspaltbar sein.

Die von Volker Schweisfurth vorgestellten Daten-Skulpturen kombinieren geringe Modellgrößen mit hohem pädagogischen Wert. So zum Beispiel ist das Thema *Einkommens-Ungleichheit auf der Welt* auf der Grundlage öffentlich zugänglicher Daten dargestellt. Es handelt sich bei dem 7 cm hohen Modell um eine 3D-gedruckte Trinkglasmetapher mit Einkommens-Gruppen. Dieses Modell kostet bei preisgünstiger Produk-

tion nicht mehr als 50 EUR. Es könnte auch in Seminaren selbst hergestellt werden und würde durch seine unmittelbare Begreifbarkeit schnell
eine Reihe von geopolitischen Fragen auslösen.

Noch ein aktuelles Beispiel aus Lehre und Forschung: Gegenwärtig
entwickelt eine Arbeitsgruppe der TU Braunschweig ein Lehrkonzept
zur Verwendung eines 3D-Druckers und einer Virtual-Reality(VR)-Brille
in Chemie-Vorlesungen und Übungen. Es soll dabei ein 3D-Drucker genutzt werden, damit die Studierenden mit realen dreidimensionalen Objekten arbeiten können. Bei der Computerübung soll außerdem die Verwendung einer VR-Brille ermöglicht werden. Mit Hilfe dieser sollen
die Studierenden zum einen die Inhalte in 3D erleben, zum anderen sie
auch interaktiv verändern können. Die Konzepte, welche in dem Projekt entwickelt werden, könnten in weiteren Lehrveranstaltungen in den
chemischen Studiengängen der Lebenswissenschaften ihre Anwendung
finden [10].

Literatur

1. Universität Paderborn, Heinz-Nixdorf-Institut, DMRC (Direct Manufacturing Re-
    search Center)-Studie: Thinking ahead of the Future of Additive Manufacturing –
    Future Applications, Autor: Prof. Dr.-Ing. Jürgen Gausemeier (2012)
2. www.freedomofcreation.com
3. www.festo.com/group/de/cms/11738.htm
4. CNN-Interview Dana Rosenblatt mit Dr. Anthony Atala, 19. Februar 2011
5. www.mashable.com/2013/09/16/body-on-a-chip/?utm_campaign=Mash-Prod-
    RSS-Feedburner-All-Partial&utm_cid=Mash-Prod-RSS-Feedburner-All-
    Partial&utm_medium=feed&utm_source=rss
6. www.3d-grenzenlos.de/magazin/forschung/biosubstanz-aus-3d-drucker-
    27116743.html
7. www.golem.de/news/atmung-implantat-aus-3d-drucker-rettet-saeugling-das-
    leben-1305-99463.html
8. www.3dprintingindustry.com/news/university-of-michigan-normalizes-3d-
    printing-of-tracheal-splints-with-eos-67856/
9. www.meliesart.de
10. www.tu-braunschweig.de/pci/research/theorie/teaching/chemie3d/index.html
11. Wikipedia

Nachhaltigkeit – 3D-Druck als umweltfreundliche Technologie?   15

Zusammenfassung

Beim 3D-Druck wird derzeit sehr häufig mit thermoplastischen Kunststoffen und kunststoffähnlichen Harzen gedruckt. Deshalb entstehen zuweilen starke Bedenken: Dass 3D-Druck eine umweltfeindliche Technologie sein könnte, deren Abfallprodukte unsere Umwelt noch auf unabsehbare Zeit belasten werden und praktisch nicht zu recyceln sind. Wenn es in Zukunft so wäre, dass in großer Menge 3D-gedruckt und anschließend die nicht mehr benötigten Objekte weggeworfen würden, wäre das tatsächlich ein Grund zur Sorge. In diesem Kapitel möchte ich anhand von einigen Beispielen belegen, dass 3D-Druck eine nachhaltige Technologie sein kann. Zum einen durch recycelbare und nachwachsende Werkstoffe, zum anderen als ein Gewicht, Ausschuss und Transportwege reduzierendes Herstellungsverfahren. Da der 3D-Drucker nur das für das Objekt benötigte Material verarbeitet, gibt es beim Drucken nahezu keinen Abfall. Beim 3D-Druck-Verfahren wird kein hochwertiges Material zerspant und dadurch zu Produktionsabfall. Es sind keine Formen und fast keine Hilfsstoffe notwendig. So wird die Produktion von Bauteilen durch den geringeren Rohstoffverbrauch nicht nur ökologischer, sondern auch preisgünstiger. Zum Abschluss des Kapitels präsentiere ich eine Zukunftsvision, an deren Umsetzung schon gearbeitet wird:

© Springer-Verlag Berlin Heidelberg 2016, P. Fastermann, *3D-Drucken*, Technik im Fokus, 117
DOI 10.1007/978-3-662-49866-8_15

Wenn 3D-gedrucktes Fleisch produziert würde, könnte das in hohem Umfang Ressourcen schonen.

15.1 Recycelter Plastikmüll als Bau-Material

Im Netz gibt es mehr und mehr Plattformen, die zum Crowdfunding aufrufen. Crowdfunding-Plattformen bieten kreativen Projekten ein Forum und sind eine Art modernes Fundraising, also eine Finanzierungsmöglichkeit abseits der klassischen Banken. Jeder, der eine viel versprechende Idee hat, kann diese auf der Plattform einstellen und um Finanzierung dafür werben. Wer möchte, beteiligt sich unmittelbar online finanziell an der Weiterentwicklung der Idee. Sobald innerhalb einer vorgegebenen Zeit ein Mindestbetrag durch die Unterstützer zusammengekommen ist, erhält der Einstellende das Geld. Im Gegenzug bekommen die Unterstützer das fertige Produkt zu besonderen Konditionen oder sie dürfen Einfluss auf die Entwicklung nehmen. Mit Hilfe von Crowdfunding wurden und werden zahlreiche Ideen im 3D-Druck-Bereich von einer großen Anzahl von Unterstützern finanziert. Eine dieser Online-Plattformen ist die US-amerikanische Plattform namens *Kickstarter*, die eine starke Ausrichtung auf technische Projekte hat.

Ein Problem für die Nutzer-Community von sehr preisgünstigen 3D-Druckern für den Hobbybereich ist der im Verhältnis zu den Druckern immer noch zu hohe Preis für das Kunststoffdraht-Bau-Material, das so genannte Filament. Wenngleich dieses auch im Vergleich zum Bau-Material von professionellen Druckern außerordentlich günstig ist, stellt es für die meisten User den größten Kostenfaktor für ein 3D-gedrucktes Objekt dar. Obwohl aus dem gleichen ABS- oder PLA-Material, ist der Kunststoffdraht teilweise erheblich teurer als die Kunststoff-Pellets – das Granulat – es sind. Zum Drucken wird jedoch ein möglichst präziser Draht benötigt, damit das Material kontinuierlich in gleicher Menge durch den Druckkopf transportiert wird. Das förderte die Idee, eine Maschine zu schaffen, mit welcher die Pellets in Kunststoffdrähte umgewandelt werden können.

Auf Kickstarter wurde Anfang 2012 Crowdfunding mit dem Ziel betrieben, auf der Grundlage von Plastikabfällen Filament für 3D-Drucker

zu produzieren. Dazu sollte der Recycling-Roboter mit dem Namen Filabot [1] das zum Drucken erforderliche Filament aus gebrauchtem Kunststoff, beispielsweise aus nicht mehr benötigten 3D-gedruckten Bauteilen,
herstellen.

Schon 2012 berichtete ich über das Kickstarter-Projekt des US-
Amerikaners Tyler McNaney aus Vermont, aus PET-Flaschen für den
3D-Druck geeignetes Filament zu produzieren. Damals stand der Erfolg
des Vorhabens noch aus, aber schon im Januar 2013 konnte die Commu-
nity sich nach der mehr als erfolgreichen Finanzierung über Kickstarter
an der Verwirklichung des Projekts erfreuen: Der Prototyp des Filabot
war fertig. Mittlerweile wird der Filabot produziert. Er kann nicht nur
PET-Flaschen, sondern auch andere Kunststoffabfälle wie beispielsweise
altes Spielzeug – bis zu einer Größe von maximal zehn Zentimetern –
aufnehmen und zerkleinern. Als Ergebnis eines Schmelz-, Walz- und
Extruder-Vorgangs gibt es das Bau-Material: ein Filament auf einer Rolle. Die Fadengröße des Bau-Materials lässt sich zuvor auf den Bedarf des
auszurüstenden 3D-Druckers einstellen. Es ist ein Durchmesser von maximal 3 Millimetern möglich – ein Größenbereich, der bei den meisten
Druckern benötigt wird. Der Recycling-Roboter kann mit verschiedenen
thermoplastischen Kunststoffen arbeiten: zum Beispiel Polyethylen in
unterschiedlichen Varianten, ABS oder sogar Nylon. So müssen keine
teuren Bau-Materialien mehr gekauft werden und gleichzeitig wird die
Umwelt geschont.

Der Filabot ist ein eindeutiger Beitrag zur Nachhaltigkeit – und
ein erfreuliches Beispiel dafür, wie erfolgreich und schnell manche
Kickstarter-Projekte verwirklicht werden. Tyler McNaney hatte sich
10.000 USD bei der Crowdfunding-Plattform Kickstarter zum Ziel gesetzt und sein Projekt war mit weit mehr – insgesamt 32.330 USD – am
Ende finanziert worden. Zudem bietet das Recycling von Plastikabfall
als Bau-Material eine große Chance für die Dritte Welt, 3D-Druck ohne
hohe Kosten zu nutzen. Der Filabot war meiner Kenntnis nach der erste,
der sich als Recycling-Roboter für den privaten Bereich einen Namen
machte. Es gibt mittlerweile weitere Ausführungen anderer Entwickler:
den RecycleBot, den ExtrusionBot und einige mehr – und es werden
sicher noch viel mehr werden. Die Sortenreinheit oder möglicherweise in dem recycelten Material enthaltene Schadstoffe sind Fragen, mit
welchen sich die Entwickler weiterhin intensiv beschäftigen müssen.

Die Verwendung von Kunststoffabfällen als Bau-Material für 3D-Druck würde der Umwelt in mehrfacher Hinsicht nützen: Einerseits würde sie mit weniger Plastikmüll belastet, andererseits müssten nicht eigens für den 3D-Druck neue Bau-Materialien, deren Grundlage wiederum wertvolle Rohstoffe sind, verwendet werden. Offen bleibt gegenwärtig noch die Frage, wie oft das recycelte Material wiederverwertet werden kann.

15.2   Ein langfristiges Ziel: Noch mehr biokompatible 3D-Druckmaterialien, idealerweise aus nachwachsenden Rohstoffen

Es darf nicht vergessen werden zu erwähnen, dass – vor allem mit Blick auf den Lebensmittel- und den medizintechnischen Bereich – stark nach bio- und umweltkompatiblen 3D-Druck-Materialien geforscht wird. Damit meine ich natürlich nicht die Vorhaben, dass mit Schokolade oder anderen Lebensmitteln gedruckt wird, sondern Bio-Kunststoffe, die aus nachwachsenden Rohstoffen gewonnen werden und sich nach Gebrauch beim Kompostieren zersetzen. Bisher gibt es schon Polylactide (PLA), die besonders häufig in den FDM-3D-Druckern zum Einsatz kommen. Die aus Milchsäuremolekülen bestehenden Polylactide gelten als biokompatibel. Zudem entstehen sie nicht aus Erdöl wie konventionelle Kunststoffe, sondern auf Basis nachwachsender Rohstoffe – beispielsweise Mais. Hierbei drängt sich, ganz wie beim Bio-Sprit, die Diskussion auf, ob Nahrungsmittel zu Bau-Material verarbeitet werden dürfen. Vor allem dann, wenn in der Zukunft in großem Umfang mit PLA-Material gedruckt werden sollte. Zunehmend werden Bio-Materialien zum 3D-Drucken mit Filament entwickelt. So stellte zum Beispiel der österreichische Filament-Hersteller Extrudr im ersten Quartal 2016 das Material Green-TEC vor. Nach Angaben des Herstellers werde das Material nicht nur aus nachwachsenden Rohstoffen (Lignin-Komponenten) produziert, sondern könne – anders als PLA – sogar kompostiert werden (www.extrudr.eu).

Der 3D-Druck mit Papier wird bereits heute jedem ermöglicht – mit kleinen und bürotauglichen 3D-Druckern des irischen Unternehmens Mcor Technologies [2]. Kaum ein Material wird bei uns in Deutschland in Privathaushalten seit längerer Zeit recycelt als Papier, dazu mit einer sehr hohen Quote. So bietet sich Papier nicht nur als preisgünstiges und einfach verfügbares, sondern auch als recycelbares 3D-Druck-Material an. Der Drucker „Iris" von Mcor Technologies druckt mit einer Art Papierlaminierdruck. Im Handel erhältliche DIN-A4-Seiten sind das Bau-Material. Die Farben, mit denen das Objekt bedruckt wird, sind wasserlöslich wie die eines Tintenstrahldruckers. Die Details des Verfahrens finden Sie in Kap. 5 zu den verschiedenen 3D-Druck-Technologien beschrieben. Das Papier-Bauteil kann umweltfreundlich entsorgt werden. Wenn Sie es nicht mehr brauchen, werfen Sie es einfach in den Altpapiercontainer.

Anfang 2016 wurde von dem Unternehmen Mcor Technologies auch ein Desktop-3D-Drucker, der Mcor ARKe, vorgestellt. Diese kleine Maschine ist nicht nur bürotauglich, sondern kann auf jedem durchschnittlich großen Büroschreibtisch aufgestellt werden.

Beim 3D-Druck mit der Maschine entstehen nach Angaben des Unternehmens weder gesundheitsschädliche chemische Dämpfe noch schädliche Partikel. Dies ermögliche es, den Mcor ARKe in Büros oder Schulen einzusetzen.

Beispiel

Am Institut für Mund-, Kiefer- und Gesichtschirurgie an der belgischen Université catholique de Louvain (UCL) wird das 3D-Druck-Verfahren mit Papier bereits zum Vorbereiten chirurgischer Eingriffe genutzt. Zunächst wird dazu anhand eines dreidimensionalen CT-Scans des Patienten ein Modell von dessen Gesichtsknochen geschaffen. Dieses Modell ermöglicht es den Ärzten, metallische Implantate noch vor dem ersten Eingriff am Patienten an dessen individuellen Knochenbau anzupassen und die Operation selbst besser planen zu können. Während bei vergleichbaren Eingriffen die Implantate am „offenen Patienten" oftmals nachbearbeitet werden müssen, kann durch diese Methode die Operationszeit um bis zu eine Stunde verkürzt werden.

15.3 Weniger Materialausschuss bei der Produktion, geringeres Gewicht des 3D-gedruckten Objekts als bei herkömmlicher Herstellung: Beispiel Luftfahrt

In der Luftfahrtindustrie findet 3D-Druck beziehungsweise Additive Manufacturing schon seit den 1980er Jahren Anwendung – in immer besserer Qualität. Zuerst wurde die Technologie noch für die Herstellung von Mustern und Prototypen verwendet. Mittlerweile werden damit Serienbauteile gefertigt. Insbesondere große Unternehmen wie Boeing oder Airbus nutzen für ihre sehr speziellen Bauteile die Möglichkeiten des 3D-Drucks. Gerade in der Luftfahrt hat die Herstellung von Teilen mit geringem Gewicht eine hohe Bedeutung: Seien diese Turbinenschaufeln, spezielle Werkzeuge für die Montage oder individuelle Inneneinrichtungen für Hubschrauber.

Es wird erwartet, dass immer leichtere Teile produziert werden und Anwendung finden können. So können organischere, an der Natur orientierte Merkmale in den Designs zunehmen, weil sich durch die Technologie des 3D-Drucks alle Formen herstellen lassen. Ebenso die Individualisierung und kundenspezifische Anpassung des Flugzeuginneren sowie anpassungsfähige Formen.

Die Herstellung mit Additive Manufacturing von komplexen und beweglichen Geometrien ermöglicht in der Luftfahrt nicht nur eine viel einfachere und schnellere Montage als zuvor, sondern ebenso wird die Wartung der Flugzeuge erleichtert: Zum einen kann der Ersatz beschädigter Teile mit der neuen Technologie enorm vereinfacht werden. Zum anderen müssen viel weniger Ersatzteile als früher auf Vorrat gelagert werden, weil sie sich bei Bedarf just in time produzieren lassen [3].

Das Herstellungsverfahren 3D-Druck ist auch deshalb für die Luftfahrt interessant, weil damit produzierte stabilere Bauteile, wie zum Beispiel die Inneneinrichtung von Flugzeugen, bei gleicher Belastbarkeit erheblich leichter sind als bei herkömmlichen Fertigungsverfahren. Das führt beim Fliegen zu einem geringeren Kerosinverbrauch.

„Über die Betriebsdauer eines Flugzeugs bringt jedes Kilogramm weniger der Airline eine Ersparnis von rund 80.000 Liter Kerosin – und der Umwelt von rund 200 Tonnen CO_2", schreibt Pierre Christian Fink in Zeit online dazu [4].

Zudem entsteht durch das Drucken der Flugzeugbauteile viel weniger Restmaterial als in der Vergangenheit: Die Bauteile wurden zuvor durch klassische spanabhebende Verfahren aus massiven Titan-Rohlingen gefertigt. Dabei fielen teilweise 90 % des Materials als Späne an. Diese Späne waren für die Herstellung von weiteren Flugzeugteilen aufgrund der hohen Materialanforderungen nicht mehr zu verwerten, da Verunreinigungen der Späne kaum zu entfernen sind und später zu Keimzellen von Rissen führen können.

Mittlerweile werden Flugzeugteile in Serie mit Hilfe von 3D-Druck aus Titanpulver als Bau-Material produziert. Dadurch wird teilweise 90 % des Rohstoffs eingespart. Hinzu kommt, dass das Herstellungsverfahren weniger energieintensiv als ältere Verfahren ist und sich das Gewicht durch die freie Optimierung der Geometrie bei gleicher Bauteilhaltbarkeit reduzieren lässt. Die Energieeinsparung gegenüber traditionellen Herstellungsverfahren beträgt mit 3D-Druck teilweise bis zu 90%. Es können Flugzeugbauteile produziert werden, die ein 30 bis 55 % geringeres Gewicht haben als herkömmlich hergestellte Teile [5].

Auch der US-amerikanische Konzern General Electric verfügt über eine Luftfahrt-Abteilung. In dieser werden Teile für Flugzeugmotoren mittels 3D-Druck hergestellt. Eine dort produzierte 3D-gedruckte Kraftstoffdüse für einen Flugzeugmotor erwies sich als um 25 % leichter als die bisherige. Daneben hat sie einen weiteren Nachhaltigkeitseffekt: Sie gilt als ungefähr fünfmal so haltbar wie die früher produzierte Düse, welche aus 20 Einzelteilen hergestellt wurde.

Boeing produziert ebenfalls Flugzeugbauteile mit dem 3D-Druck-Verfahren. Mittlerweile wurde bereits eine ganze Kabine gedruckt. Flugzeugteile wie Luftkanäle und Gelenke mittels 3D-Druck zu fertigen ist mittlerweile Routine geworden. Im luxuriösen Boeing 787 Dreamliner wurden 2013 rund 30 Teile eingesetzt, die mittels 3D-Druck gefertigt wurden [6].

Das galt im Jahr 2013 als Rekord. Wie schnell sich die Technologie entwickelt und wie 3D-Druck in der Flugzeugindustrie unaufhaltsam zum „Game Changer" wird, lässt sich erahnen, wenn man eine Meldung von 2015 liest: Mit einer Rekordzahl von 1000 3D-gedruckten Kunststoffteilen wurde es Airbus ermöglicht, die Produktionszeit für den ersten Airbus A350 XWB zu verkürzen. Dieser erste A350 XWB wurde Ende Dezember 2014 an Qatar Airways übergeben.

Mehr und mehr nutzt Airbus auch den 3D-Druck für Metallteile. Von 2016 an sollen 3D-Drucker serienmäßig Titanteile für Airbus produzieren, ab Mitte 2016 sollen Edelstahlteile und ab 2017 auch Aluminiumteile 3D-gedruckt werden [7].

Es ist nur eine Frage der Zeit, bis weitere Industriezweige die Fertigung mit 3D-Druck zur Optimierung ihrer Produkte nutzen werden. In der Automobilindustrie ist 3D-Druck ebenfalls nicht mehr wegzudenken, um noch schneller, leichter und nachhaltiger zu produzieren. Entsprechend einer im Jahr 2015 veröffentlichten Studie des Marktforschungsunternehmens MarketsandMarkets soll bis zum Jahr 2020 in der Automobilindustrie der 3D-Druck-Markt von gegenwärtig 482,27 Millionen USD auf 1,56 Milliarden USD anwachsen. Das ist eine jährliche Wachstumsrate von 26,58 % [8].

15.4   Die eigene Öko-Bilanz beim 3D-Drucken ermitteln

Nicht zuletzt im Zusammenhang mit der Nachhaltigkeit sind in den vergangenen Jahren immer wieder die Stichworte „carbon foot print", also die CO_2-Bilanz oder die Öko-Bilanz, oder auch „food miles" gefallen. Der Begriff „food miles" bedeutet, dass beispielsweise eine Ananas, die aus dem Ausland für den Verzehr in Deutschland eingeflogen wird, einen sehr langen Weg zurücklegt. Ebenfalls nicht zu vernachlässigen sind die „manufacturing miles", die sich für alle Güter summieren, die hergestellt werden und anschließend rund um die Welt transportiert werden müssen. Durch die Produktion mit leichten 3D-Druck-Materialien werden nicht nur die Transportkosten geringer. Neben dem wirschaftlichen Faktor entsteht ein Nachhaltigkeitsfaktor – dadurch, dass die „manufacturing miles" reduziert werden.

Diese könnten sich zusätzlich durch die zunehmende Verbreitung von 3D-Druckern in Privathaushalten verringern: Wenn in der Zukunft immer mehr Wunsch- oder Spezialteile am heimischen 3D-Drucker selbst ausgedruckt werden könnten, weil die 3D-Modelle dazu online rund um die Uhr erhältlich wären, würden viele Transportwege sogar vollkommen entfallen.

Das britische 3D-Druck-Beratungsunternehmen Econolyst stellte 2012 das Cloud-basierte Software-Tool Willit vor, mit welchem Nutzer von 3D-Druck den Einfluss, den ihre 3D-gedruckten Objekte auf die Umwelt haben, selbst ermitteln können.

Die Anwendung Willit-3D-Print, gesprochen: „Will it 3D print?", auf Deutsch: „Lässt es sich 3D-drucken?", ist für Privatanwender gedacht. Auf der Seite www.willit3dprint.com können Sie Ihr STL-Modell hochladen. Willit wird Ihnen danach anzeigen, ob das Modell druckbar ist oder nicht – es funktioniert damit gleichzeitig als Prüfprogramm für die Druckvorbereitung. Was aber das zusätzlich Besondere ist: Noch während der Konstruktionsphase ermöglicht Willit seinen Anwendern, nicht nur die Kosten, sondern ebenso die Qualität und den „carbon footprint" der zu druckenden Modelle zu ermitteln. Da Willit Cloud-basiert ist, sind weder Software-Downloads noch Plug-ins im Browser erforderlich. Auf die Web-App Willit lässt sich mit Google Chrome, Firefox, Opera und Safari sowohl auf dem Desktop als auch mit Hand-held Devices zugreifen. Das Willit-Tool ist kostenlos.

15.5 3D-gedrucktes Fleisch könnte Tiere und Ressourcen schonen

Gabor und Andras Forgacs haben das US-amerikanische Bioprinting-Unternehmen Organovo [9] mitgegründet. Mittels Tissue Engineering – einer künstlichen Herstellungsmethode von biologischem Gewebe durch Zellkultivierung – produzieren sie Gewebe, um daran Medikamententests durchzuführen. In Zukunft sollen mit dieser Technologie auch 3D-gedruckte, transplantierbare Organe hergestellt werden können.

Vater und Sohn Forgacs haben jedoch noch eine darüber hinausgehende Zukunftsvision: den Hunger in der Welt mit Hilfe von 3D-gedrucktem Fleisch abzuschaffen und damit zugleich die Massentierhaltung überflüssig zu machen. Dazu haben sie ein weiteres Unternehmen mit dem Namen Modern Meadow – die „Moderne Weide" – mitgegründet [10]. Dieses will mittels Tissue Engineering künstliches Fleisch herstellen. Bau-Material wäre eine Art „Bio-Tinte" aus sich ständig vermehrenden Zellkulturen. Bisher in Versuchen gedrucktes Fleisch sei sowohl essbar als auch verträglich gewesen. Ein genießbarer Burger – wenngleich nicht 3D-gedruckt, aber so doch schon mit Tissue Engineering hergestellt – wurde in London bereits im Juli 2013 vorgestellt. Allerdings ist selbst bei

Genießbarkeit des künstlichen Fleischs wegen der zahlreichen Auflagen sicherlich nicht in der nahen Zukunft zu erwarten, dass eine Zulassung dafür erteilt wird und wir bald 3D-gedrucktes Fleisch verzehren werden. Ebenso sind die Kosten auf absehbare Zeit noch zu hoch. Zum Thema „3D-gedrucktes Fleisch" wurden 2015 für die US-amerikanische Online-Plattform GlobalMeatNews.com einige Fleisch-Spezialisten befragt.

Keith Belk, Professor für Meat Safety & Quality der Colorado State University, und Professor Joseph Sebranek, Professor für Animal Science an der Iowa State University, sind beide der Ansicht, dass künstlich erzeugtes Fleisch Vorteile bieten kann. Wichtig sei aber, dass die Verbraucher über die genetisch modifizierte Nahrung informiert und aufgeklärt würden. Als einen großen Vorteil 3D-gedruckten Fleisches sieht Professor Sebranek, dass dieses in einer sterilen Umgebung erzeugt werden könnte. Auf diese Art ließen sich potenzielle Probleme der herkömmlichen Fleischproduktion vermeiden – wie zum Beispiel das Risiko einer Kontaminierung durch E. coli-Bakterien [11]. Neben den Tieren würden weitere Ressourcen geschont, wie zum Beispiel Ackerland, Wasser und Energie. Außerdem müssten zahlreiche Chemikalien, die zur Tieraufzucht genutzt werden, gar nicht erst eingesetzt werden. Ganz sicher ist, dass das 3D-gedruckte Fleisch eine bessere Öko-Bilanz hätte als herkömmlich erzeugtes Fleisch – gilt doch die Viehzucht als für einen großen Anteil der Treibhausgasemissionen der Welt verantwortlich.

Literatur

1. www.filabot.com
2. www.mcortechnologies.com
3. Universität Paderborn, Heinz-Nixdorf-Institut, DMRC (Direct Manufacturing Research Center)-Studie: Thinking ahead of the Future of Additive Manufacturing – Future Applications, Autoren: Prof. Dr.-Ing. Jürgen Gausemeier, Niklas Echterhoff, Martin Kokoschka, Marina Wall. Paderborn (2012)
4. www.zeit.de/2012/41/3-D-Drucker-Weltwirtschaft/seite-2
5. www.engineering.com/3DPrinting/3DPrintingArticles/ArticleID/7187/AirBus-Expands-3D-Printing-Use.aspx
6. www.apex.aero/airbus-boeing-3D-print-stratasys
7. www.aircareer.de/infothek/karriere/3d-drucker-luft-raumfahrt

8. www.3druck.com/visionen/prognosen/3d-druck-markt-in-der-
    automobilindustrie-soll-bis-2020-auf-us-15-milliarden-heranwachsen-4237973/
9. www.organovo.com
10. www.modernmeadow.com
11. www.globalmeatnews.com/Industry-Markets/3D-printed-meat-on-the-way-and-
    it-will-be-disruptive-say-American-specialists

Chancen und Risiken der Technologie – Ausblick und Prognosen

Zusammenfassung

Wie wird die Zukunft des 3D-Drucks sein? Werden wir alle uns unsere Turnschuhe selbst drucken? Wird es jedem möglich sein, mit einem eigenen 3D-Drucker zu Hause funktionsfähige Waffen auszudrucken? Und wird damit 3D-Druck zu einer Gefahr statt einem Nutzen für die Menschheit? Was werden die nächsten großen Meilensteine in der 3D-Druck-Technologie sein? Mit dem Kenntnisstand von heute lassen sich nur Meinungen und Prognosen zu den Chancen und Risiken äußern. Dieses letzte Kapitel soll das tun – und außerdem einen Ausblick darauf geben, was in der Zukunft noch möglich werden wird.

16.1 Wie wird sich die 3D-Druck-Technologie weiterentwickeln?

Wie wird sich die 3D-Druck-Technologie weiterentwickeln? Wie schnell und mit welchen Verbesserungen die 3D-Druck-Anlagen in der Zukunft fertigen können, lässt sich nicht mit Sicherheit sagen. Vielleicht werden wir früher online unsere individuell designten 3D-gedruckten Turnschuhe bei den Sportartikelherstellern bestellen können, als wir es jetzt vermuten. Sobald das zu einem wettbewerbsfähigen Preis möglich ist, werden immer mehr Personen ein solches Angebot nutzen – bis es für

© Springer-Verlag Berlin Heidelberg 2016, P. Fastermann, *3D-Drucken*, Technik im Fokus, 129
DOI 10.1007/978-3-662-49866-8_16

alle selbstverständlich geworden und aus dem täglichen Leben gar nicht mehr wegzudenken ist. So präsentierte der Sportartikelhersteller New Balance auf der CES (Consumer Electronics Show) in Las Vegas 2016 den „Zante Generate", der als erster Laufschuh aus dem 3D-Drucker der Öffentlichkeit zum Kauf angeboten wurde. Zunächst mit einer limitierten Auflage und zum Preis von 400 US-Dollar. Dieser Preis ist sicher sehr hoch, aber der erste Schritt für die Massenproduktion von Sportschuhen ist damit wohl gemacht. Der besondere Vorteil bei 3D-gedruckten Schuhen ist, dass der 3D-Druck es ermöglicht, für die Füße der Träger individuell passgenaue Schuhe zu produzieren (www.3d-grenzenlos.de/magazin/3d-objekte/zante-generate-27169613.html).

Die Hoffnung auf aus den eigenen Körperzellen gedruckte, funktionstüchtige menschliche Organe wird von Medizinern als nicht unrealistisch betrachtet. Die Frage ist nur: Wann wird ein Dialyse-Patient tatsächlich erwarten können, seine 3D-gedruckte funktionsfähige Ersatz-Niere eingesetzt zu bekommen? Hier halte ich es für verfrüht, konkrete Prognosen zu treffen, wie zum Beispiel „in 10 Jahren" oder „in 30 Jahren". Dass mit Hilfe von 3D-Druck funktionsfähige Organe gedruckt werden können, steht fast außer Frage. Aber wie schnell die Entwicklung sein wird und wie viel Zeit im Anschluss daran die Tests, welche für eine Zulassung erforderlich sind, in Anspruch nehmen werden: Dazu lässt sich keine Prognose stellen. Das kann lange dauern, aber ebenso gut ist es möglich, dass es viel schneller zur Realität wird, als wir es uns im Moment vorstellen können.

16.2 Wird bald jeder Haushalt seinen eigenen 3D-Drucker haben?

Ich halte es für unwahrscheinlich, dass alle Haushalte in absehbarer Zeit ihre eigenen 3D-Drucker in der Wohnung stehen haben werden, um jederzeit alle möglichen Gegenstände des täglichen Bedarfs selbst zu produzieren. Dafür müsste sich neben dem umfänglichen Know-how, das für die Herstellung benötigt wird, jeder Haushalt einen großen Maschinenpark zulegen. Wie Sie seit der Lektüre dieses Buchs wissen, kommt bei den zahlreichen unterschiedlichen 3D-Druck-Technologien und Bau-Materialien nicht jedes Verfahren für jedes Objekt gleichermaßen in Fra-

ge. Der kleine Schreibtisch-3D-Drucker, der auf Knopfdruck in verschiedensten Materialien gleichzeitig alles, was wir gern hätten, in jeder Größe fertigen kann, ist bisher nicht in Sicht.

16.3   3D-Druck – eine Technologie zum Nutzen oder zum Schaden der Menschheit?

Selbst wer sich wenig mit dem Thema 3D-Druck beschäftigt, hat schon
von den 3D-gedruckten Waffen gehört, weil diese eine große Medien-
aufmerksamkeit erzeugt haben. Dass Waffen gedruckt werden können,
beunruhigt. Zuweilen drängt sich die Frage auf, ob 3D-Druck eine Technologie zum Schaden der Menschheit werden wird. Der 3D-Drucker ist
jedoch nur eine Maschine und damit ein Mittel zum Zweck. Er wird
eines Tages funktionsfähige Waffen wie auch funktionsfähige Nieren
drucken können. Ebenso käme mittlerweile kaum jemand auf den Gedanken, die Nutzung des Internets in Frage zu stellen, weil sich dort –
neben allem anderen – auch Anleitungen zum Bombenbau finden lassen.
Ob 3D-Druck zum Nutzen oder zum Schaden wird, hängt allein davon
ab, wie wir damit umgehen. Es liegt damit an den Anwendern, ob für die
Allgemeinheit etwas Gutes oder Schlechtes mit der Zukunftstechnologie
angefangen wird.

So, wie zu befürchten ist, dass 3D-Drucker Verbrechen vereinfachen
können, wird ihr Einsatz ebenso zur Aufklärung von Straftaten beitragen. Schon seit Längerem werden aus Phantomzeichnungen und -fotos in
Japan „3D-Phantombilder" der Köpfe der Gesuchten zu Fahndungszwe-
cken gedruckt [1]. Auch dienen die 3D-Drucker zur Modellerstellung
von Tatorten.

▶   **Wichtig: Kontrolle, Sicherheit, Richtlinien** Wie steht es aber
    überhaupt um die Sicherheit von 3D-gedruckten Objekten? Man
    könnte sich fragen, ob die Sicherheit von 3D-gedruckten Ob-
    jekten bisher unter festgelegten Standards gewährleistet war.
    Die VDI-Gesellschaft Produkt- und Prozessgestaltung (VDI-GPP)
    hat in der Richtlinie VDI 3405 mit Konstruktions-Empfehlungen
    für additive Fertigungsverfahren im Wesentlichen zusammenge-
    fasst, was bei der additiven Fertigung von Bauteilen wichtig ist.

Neben der Prüfung des Ausgangswerkstoffs gehören dazu die
interne Prozessüberwachung sowie die Überprüfung der Eigenschaften von Bauteilen anhand von Beispiel-Bauteilen. Für die
Planung der Produkte im Voraus ist es vor allem für Konstrukteure
von hoher Bedeutung, über die mechanischen Eigenschaften der
additiv hergestellten Bauteile gut informiert zu sein (www.vdi.
de/technik/fachthemen/produkt-und-prozessgestaltung/artikel/
konstruktionsempfehlungen-fuer-additive-fertigungsverfahren-
1/).

16.4   3D-Druck: Auf jeden Fall ein Wachstumsmarkt

Die meisten Anwendungen der Hochtechnologie 3D-Druck gibt es derzeit nach wie vor in der Industrie. Das Unternehmen Wohlers Associates
mit Sitz in Fort Collins, Colorado, berät zu Entwicklungen und Trends
auf dem Gebiet Rapid Product Development/Additive Manufacturing.
Wohlers Associates berichtet in dem in der Branche hoch angesehenen
Wohlers Report im Jahr 2016: Der weltweite Markt für additive Fertigung habe im Jahr 2015 die Grenze von 5 Milliarden USD überschritten [2].

16.5   Was werden die nächsten großen Meilensteine
im 3D-Druck sein?

16.5.1   Das 3D-Drucken zusammen mit Elektronik

Bereits im Juli 2012 berichtete das britische Wirtschaftsmagazin *Economist* [3] über eine Vision zur Massentauglichkeit von Elektronik, die
mittels 3D-Druck direkt in Produkte integriert werden kann. Das US-
amerikanische Unternehmen Optomec befasse sich damit, Applikationen
zu entwickeln, welche es ermöglichen könnten, ein Telefon mitsamt seiner Elektronik zu drucken. Neben den Antennen würde das die Verbin-
dungen für den Bildschirm, für Chips sowie mehrschichtige Schaltkreise
und Touchscreen-Teile betreffen. Sogar die Batterie solle druckbar sein.

2016 ist es längst selbstverständlich geworden, Sensoren oder Antennen auf Plastikkomponenten zu drucken. So müssen die Sensoren und Antennen nicht mehr separat hergestellt und im Anschluss montiert werden – sie werden direkt in die Produkte hineingedruckt. Optomec hat sich seine Aerosol-Jet-Technologie patentieren lassen. Diese Technologie ermöglicht es, unter anderem Mikroelektronik auf fast jeden Untergrund zu drucken. Das Aerosol-Jet-Verfahren unterscheidet sich stark vom Tintenstrahl-Verfahren: Es nutzt aerodynamische Fokussierung, um vollkommen präzise elektronische und andere Materialien aufzubringen. Mittlerweile ist sogar das Ziel realistisch, dieses Verfahren zur Massenproduktion zu nutzen.

Am deutschen Fraunhofer Institut werden bereits Batterien mit 3D-Druck gefertigt: Diese verfügen über eine Leistung von 2 mAh/cm^2 und eine Dicke von weniger als einem Millimeter. Dazu besteht bei diesen Batterien die Möglichkeit eines kundenspezifischen Layouts.

Grundlage der Batterie ist ein quecksilberfreies Zink-Mangandioxid-System. Insbesondere für dünne Objekte sind die 3D-gedruckten Batterien gut geeignet, weil sie sich in diese leicht integrieren lassen. Solche Objekte könnten zum Beispiel intelligente Chips sein (www. enas.fraunhofer.de/de/news_events/messeuebersicht/exponate/printed_ thin_filmbattery.html).

Gegenwärtig arbeiten Forscher der Manchester Metropolitan University an einem mit 500.000 £ geförderten Projekt zur Entwicklung von 3D-gedruckten Graphen-Batterien. Diese werden mit einem 3D-Drucker gedruckt, der „Graphen-Tinte" als Bau-Material nutzt. Graphen ist 200 Mal stärker als Stahl und ist als ausgezeichneter Energie- und Wärmeleiter bekannt. Mit dieser Produktionsmethode ließen sich nicht nur Batterien, sondern auch Energiespeicher für Smartphones oder Solarenergie herstellen [4].

16.5.2   Mit Metall drucken

Ich habe am Anfang dieses Kapitels geschrieben, dass ich es für unwahrscheinlich halte, dass wir uns bald alles selbst zu Hause ausdrucken werden. Der Grund dafür sei unter anderem, dass es so viele verschiedene 3D-Druck-Verfahren gebe, von denen sich die meisten für spezielle

Produkte eignen – die einen zum Beispiel mehr für filigrane, die anderen mehr für große, haltbare Objekte. Insbesondere der 3D-Druck mit Metall hat in den letzten Jahren immer mehr zugenommen. Vor ein paar Jahren für Privatpersonen noch unerschwinglich, bieten ihn mittlerweile sogar immer mehr 3D-Druck-Dienstleister, die überwiegend für Privatanwender 3D-drucken, in ihren Online-Shops an.

Vorangetrieben im großen Stil und in schnellen Schritten wird der 3D-Druck mit Metall durch die Flugzeug- und die Automobilindustrie. Das Online-Magazin engineering.com sieht das Jahr 2016 als wichtiges Jahr für den 3D-Druck mit Metall [5].

Gerade im Bereich 3D-Druck mit Metall wird in die Weiterentwicklung von Technologien investiert, damit auch die Massenfertigung 3D-gedruckter Objekte aus Metall bald Standard ist. So hat das israelische Unternehmen XJet Anfang des Jahres 2016 seine neue Technologie zum 3D-Druck von Metall-Objekten vorgestellt: Das von XJet entwickelte, so genannte NanoParticle-Jetting-Verfahren funktioniert, indem flüssiges Metall Tropfen für Tropfen aufgetragen wird. So sollen die Bauteile im Schichtverfahren entstehen. Dadurch sollen sie fünf Mal schneller gedruckt werden können als dies mit Anlagen möglich ist, die laserbasiert sind [6].

Am Fraunhofer Institut für Fertigungstechnik und angewandte Materialforschung (IFAM) wurde ebenfalls ein neues 3D-Druck-Verfahren für das Drucken von Metall entwickelt. Mittels eines Siebdruck-Verfahrens bestehe die Möglichkeit, kleine Bauteile in großen Mengen zu produzieren. Bei diesem Siebdruck-Verfahren wird mit einer Paste aus Metallpulver gedruckt. Die kleinen Metallteile können mit geschlossenen Strukturen produziert werden. Es lassen sich sehr viele, auch unterschiedliche Teile, gleichzeitig drucken – so zum Beispiel Komponenten für Brennstoffzellen, aber auch von Bioimplantaten und Schmuck. Die mögliche Massenfertigung – gerade von 3D-gedruckten Bauteilen aus Metall – könnte für zahlreiche Branchen sehr nützlich sein [7].

16.5.3   Auf dem Mond drucken

16.5.3.1   Electron Beam Freeform Fabrication als ein 3D-Druck-Verfahren für den Weltraum

Auch die *NASA (National Aeronautics and Space Administration)* nutzt die Technologie des 3D-Drucks. Bereits seit längerer Zeit forscht sie im Bereich der Contour-Crafting-Technologie, um Gebäude im Weltraum errichten zu können.

Seit Ende 2014 hat die NASA auf der Weltraumstation ISS einen 3D-Drucker „vor Ort". Das ist weniger simpel, als es scheint, denn es ergibt sich dabei das Problem, dass die mittels 3D-Druck herzustellenden Ersatzteile in der Schwerelosigkeit produziert werden müssen. Im März 2016 wurde als Nachfolger ein überarbeiteter Made-in-Space-3D-Drucker zur ISS transportiert. Der neue 3D-Drucker für die Weltraumstation hat einen erheblich größeren Bau-Raum als sein Vorgänger und druckt sowohl mit höherer Geschwindigkeit als auch mit höherer Auflösung. Bereits seit 2014 können direkt auf der ISS Objekte, wie zum Beispiel Schraubenschlüssel oder kleinere Ersatzteile, gedruckt werden. Schon in der Vergangenheit experimentierte die NASA mit *EBF 3 – Electron Beam Freeform Fabrication –*, einer Art 3D-Druck-Verfahren für den Weltraum, das selbst in der Schwerelosigkeit funktioniert. Bei diesem Verfahren wird in einem Vakuum ein Metalldraht durch einen Elektronenstrahl geschmolzen. Am besten vorstellen kann man sich EBF 3 als eine Art Mischung aus Inkjet-Technologie und Schweißen. Wie bei jedem anderen 3D-Druck-Verfahren wird das Objekt Schicht für Schicht aufgebaut. So könnten direkt im Weltraum Metall-Ersatzteile mit dem eigenen 3D-Drucker entstehen.

Für den Weltraum wird jetzt schon auf der Erde gedruckt: Mit dem Verfahren des Selektiven Laserschmelzens (SLM) produziert die NASA Raketenteile. So wurde 2013 aus Metallpulver eine Düse für das Raketenprogramm gedruckt. Was besonders interessant ist: Mittels 3D-Druck wird es möglich, den Antrieb in nur zwei Teilen zu produzieren. Herkömmlich hergestellte Düsen mussten aus bis zu 115 Einzelteilen montiert werden [8]. Dadurch, dass die 3D-gedruckten Teile nicht zusammengeschweißt werden müssen, sind sie von der Struktur her stabiler. Das erhöht insgesamt die Sicherheit des Raumfahrzeugs. Zusätzlich ist diese Art der Herstellung sowohl preiswerter als auch schneller als die frühere, weil zahlreiche Montagestunden entfallen. Es erklärt sich von selbst, dass auch die Wartung bei einem Objekt, das aus zwei statt aus 115 Teilen besteht, nicht nur einfacher, sondern ebenfalls kostengünstiger wird.

Anfang 2016 produzierten russische Wissenschaftler mittels 3D-Druck den Satelliten Tomsk TPU-120. Sein leichtes Kunststoff-Gehäuse und die Keramik-Batterie-Pakete konnten 3D-gedruckt werden. Aufgabe dieses Satelliten wird es sein, dabei zu helfen, für zukünftige Raumfahrtprojekte Daten zu sammeln. Dieser Satellit wurde dafür produziert, um zur Raumstation ISS geschossen zu werden [9].

Den ersten 3D-Drucker, der per Schmelzschichtung und mit dem Extrusionsverfahren in der Schwerelosigkeit druckte, lieferte das US-amerikanische Unternehmen *Made in Space*. Zunächst wurden mit diesem 3D-Drucker Ersatzteile aus Kunststoff produziert. Denn Werkzeuge gehen den Astronauten im Weltall manchmal verloren. Kleinere Teile, wie zum Beispiel Halterungen oder Federn, nutzen ab oder werden beschädigt. Für 2018 plant Made in Space, den 3D-Druck-Roboter namens Archinaut auf die ISS zu schicken. Dieser soll mit Hilfe von 3D-Druck Komponenten für Satelliten und Raumschiffe produzieren und sich autonom im Weltraum bewegen können. Archinaut soll vor Ort 3D-drucken und Reparaturen durchführen [10].

16.5.3.2   Der große 3D-Drucker D-Shape kann ganze Gebäude drucken

Der Italiener Enrico Dini hat einen überdimensionalen 3D-Drucker erfunden: Der riesige 3D-Drucker mit dem Namen D-Shape [11] soll mittels Contour Crafting komplette Gebäude vollkommen automatisch drucken, indem er schichtweise Sand oder auch andere Materialien übereinander aufbaut. So wird es Architekten ermöglicht, mit dem Bau-Roboter direkt die entworfenen, zum Teil sehr komplexen Gebäude zu drucken. Wie bei jedem anderen 3D-Drucker werden die Architekturmodelle als STL-Dateien an die Maschine übermittelt. Es wird Schicht für Schicht gedruckt – nur erheblich schneller als bei herkömmlichen 3D-Druckern. Die Sandschichten werden mit einem anorganischen Binder zusammengehalten, der aus Hunderten von Düsen auf den Sand gespritzt wird. Das

Bau-Material wird am Ende als ein zwar künstlicher, aber widerstands-
fähiger und zudem umweltfreundlicher Sandstein verfestigt.

Trotz des verhältnismäßig hochpreisigen Binders, der zum Verfestigen des Bau-Materials erforderlich ist, seien die Kosten zwischen 30 bis
50 Prozent geringer als beim herkömmlichen Bau von Gebäuden.

16.5.3.3   Mit der NASA Gebäude auf dem Mond drucken

Derzeit denkt Enrico Dini daran, in Zusammenarbeit mit der NASA Gebäude auf dem Mond zu drucken. Als Bau-Material wird hier Mondstaub
in Erwägung gezogen. Es wäre sehr gut, auf dem Mond mit dort bereits
vorhandenen Materialien drucken zu können, da größere Mengen Bau-
Material kaum auf den Mond zu bringen sind. Erste Bauteile wurden
schon mit künstlichem Mondgestein produziert. Das Mondsteinimitat
mit dem Namen Regolith besteht aus Aluminium, Eisen, Kalzium, Magnesiumoxid und Silizium. Gleichzeitig fördert die NASA ein Projekt,
mit welchem ein Astronautennahrung produzierender 3D-Drucker unterstützt wird. Der Vorteil gegenüber dem Dosenessen für Astronauten
wäre, dass der 3D-Drucker nur das extrudieren würde, was gerade an
Essen gebraucht wird. Der Rest würde sicher aufbewahrt [12].

16.5.3.4   Die ESA plant, eine Mondstation zu drucken

Die *European Space Agency* (*ESA*) arbeitet ebenfalls an 3D-Druck auf
dem Mond. Geplant ist eine ganze Mondstation – unter Mitwirkung
von Sir Norman Foster, des britischen Architekten, der unter anderem
die gläserne Kuppel auf dem Reichstagsgebäude in Berlin entworfen
hat.

Auch der Bau einer Mondstation könnte in der Zukunft erheblich
erleichtert werden, wenn dazu ein 3D-Drucker und die auf dem Mond
bereits zur Verfügung stehenden Materialien genutzt würden. Vom Lon-
doner Architekturbüro Foster+Partners wurde bereits eine wabenartige
Kuppel mit zellenförmig strukturierten Wänden entwickelt. Diese Wände wehren Mikrometeoriten und Weltraumstrahlung ab. Für den Lebens-
raum der Astronauten verfügt die Kuppel über einen aufblasbaren Druck-
körper, der von der Erde mitgebracht wird. Die Außenhülle der Mondstation wird direkt vor Ort aus Mondmaterial mit einem 3D-Drucker
hergestellt. Als Standort für die Mondstation hat die ESA den Mond-
Südpol erwählt, weil es dort nahezu immer Licht und kaum Tempera-

turschwankungen gibt. Abb. 16.1 gibt einen Eindruck von der geplanten Mondstation.

Das Design der Basis wurde durch die Eigenschaften eines 3D-gedruckten Mondbodens vorgegeben. Dazu wurde ein 1,5 Tonnen schwerer Baustein zu Demonstrationszwecken auf der Erde erzeugt – ähnlich dem in Abb. 16.2 gezeigten. Jethro Hon von Foster+Partners bezeichnet das Ergebnis als eine „hohle, geschlossene Zellstruktur, vergleichbar mit der von Vogelknochen, um eine gute Kombination aus Stabilität und Gewicht zu erhalten."

„Zunächst mussten wir das simulierte Mondmaterial mit Magnesiumoxid vermischen. Dadurch wird es zu ‚Papier', mit dem wir drucken können", erklärte Enrico Dini. „Die Struktur gebende ‚Tinte' stellen wir mit der Zugabe eines bindenden Salzes her, welches das Material in einen steinartigen Festkörper verwandelt. Unser gegenwärtiger Drucker baut durchschnittlich etwa 2 Meter pro Stunde. Unser Modell der nächsten Generation sollte jedoch 3,5 Meter pro Stunde schaffen, womit innerhalb einer Woche ein komplettes Gebäude fertig gestellt werden könnte." [13]

Abb. 16.1 Mondstation (ESA/Foster+Partners)

Abb. 16.2 Ein 3D-gedruckter Baustein demonstriert die Technologie (ESA/Foster+Partners)

Die ESA gab 2016 auf dem „International Symposium on Moon 2020–2030" bekannt, dass sie plane, ein Dorf auf dem Mond zu bauen. Die Gebäude sollen mit 3D-Druck gefertigt werden und könnten den Astronauten übergangsweise Unterkunft und Zwischenstation sein – bevor diese zum Mars weiterreisen [14].

► **Wichtig** Das Unternehmen Made in Space wurde im August 2010 gegründet und arbeitet mit der NASA zusammen. Es befasst sich mit 3D-Druck im Weltraum und hat eine interessante Webseite, die „Made in Space" (www.madeinspace.us) heißt. Auf dieser Webseite können Sie viele der aktuellen Entwicklungen verfolgen und Forschungsergebnisse ansehen.

Literatur

1. www.3ders.org/articles/20130819-japanese-police-use-3d-printing-to-help-find-wanted-criminals.html
2. www.3d-grenzenlos.de/magazin/3d-drucker/3d-drucker-markt-ueberschreitet-5-milliarden-dollar-27168813.html
3. „The Economist" (Ausgabe 28. Juli – 03. August 2012), „Print me a phone"
4. www.3druck.com/forschung/manchester-universitaet-entwickelt-3d-gedruckte-batterien-aus-graphen-42368255/
5. www.engineering.com/3DPrinting/3DPrintingArticles/ArticleID/11289/5-Predictions-for-Metal-3D-Printing-in-2016.aspx
6. www.3druck.com/nachrichten/xjet-sichert-sich-25-millionen-investment-fuer-neue-metall-3d-drucktechnologie-3542731
7. www.3d-grenzenlos.de/magazin/forschung/3d-metalldruck-von-kleinteilen-27161723.html
8. www.maschinenmarkt.vogel.de/themenkanaele/konstruktion/antriebstechnik_steuerungstechnik/articles/416179/
9. www.3d-grenzenlos.de/magazin/forschung/tomsk-tpu-120-satellit-27162723.html
10. www.3d-grenzenlos.de/magazin/zukunft-visionen/fertigungsroboter-archinaut-27162443.html
11. www.d-shape.com
12. www.nasa.gov
13. www.esa.int
14. www.galileo.tv/tech-trends/die-esa-plant-fuer-2030-ein-dorf-auf-dem-mond

Kurzbiografie

Petra Fastermann (MA, University of Toronto, Kanada) ist Autorin und gleichzeitig Geschäftsführerin der Fasterpoly GmbH, Düsseldorf. Außerdem ist sie Lehrbeauftragte an der Hochschule Niederrhein.

2010: Gründung der Fasterpoly GmbH als 3D-Druck-Dienstleister in Düsseldorf. 2011: Auszeichnung mit dem „Unternehmerinnenbrief Nordrhein-Westfalen" für das Start-up Fasterpoly. 2012: Veröffentlichung des Buchs: „3D-Druck/Rapid Prototyping: Eine Zukunftstechnologie – kompakt erklärt" im Springer-Verlag. Januar 2013: Veröffentlichung des Buchs: „Die Macher der dritten industriellen Revolution: Das Maker Movement" bei Books on Demand. August 2014: Veröffentlichung (zusammen mit Dean Ciric) des Buchs: Fabucation: „3D-Druck in der Schule" bei Books on Demand. 2015: Veröffentlichung des Buchs: „Bitfäule: Eine Erlangen-Geschichte" bei Books on Demand.

© Springer-Verlag Berlin Heidelberg 2016, P. Fastermann, *3D-Drucken*, Technik im Fokus, 141
DOI 10.1007/978-3-662-49866-8

Weiterführende Literatur/Internetlinks

Obwohl mein Name alphabetisch nicht oben anzuordnen ist, nenne ich meine eigenen Bücher, in denen von Grundlagen des 3D-Drucks die Rede ist, zuerst. Der Grund dafür ist, dass nahezu alle Kapitel in diesem Buch unter anderem auf diesen beiden Büchern basieren. Um sie nicht im Literaturverzeichnis jeweils am Kapitel-Ende zu wiederholen, werden sie hier unter weiterführender Literatur einmal genannt. Wenn am Ende eines Kapitels keine Literatur angegeben ist, habe ich nur die beiden folgenden Bücher zu Rate gezogen.

Petra Fastermann, Die Macher der dritten industriellen Revolution: Das Maker Movement, BoD – Books on Demand, Norderstedt, 2013

Petra Fastermann, 3D-Druck/Rapid Prototyping. Eine Zukunftstechnologie – kompakt erklärt, Verlag Springer Vieweg, Berlin Heidelberg, 2012

Weitere Buchempfehlungen zu 3D-Druck
Jannis Breuninger, Ralf Becker, Andreas Wolf, Steve Rommel, Alexander Verl, Generative Fertigung mit Kunststoffen: Konzeption und Konstruktion für Selektives Lasersintern, Verlag Springer Vieweg, Berlin Heidelberg, 2013

Dean Ciric/Petra Fastermann, Fabucation: 3D-Druck in der Schule, Books on Demand, Norderstedt, 2014

Christian Caroli, RepRap Hacks: 3D-Drucker verstehen und optimieren, Franzis Verlag, Haar bei München, 2014

Andreas Gebhard, 3D-Drucken: Grundlagen und Anwendungen des Additive Manufacturing (AM), Carl Hanser Verlag München, 2014

Richard Hagel, Das 3D-Druck-Kompendium: Leitfaden für Unternehmer, Berater und Innovationstreiber, 2. Auflage, Verlag Springer Gabler, Wiesbaden, 2015

Jochen Hanselmann/Roberto Micieli, Coole Objekte mit 3D-Druck – von der Idee zum räumlichen Gegenstand: Materialien, Verfahren, Programme, 3D-Design und 3D-Scannen, Franzis Verlag, Haar bei München, 2014

Florian Horsch, 3D-Druck für alle: Der Do-it-yourself-Guide, 2. Auflage, Carl Hanser Verlag München, 2014

Andreas Leupold/Silke Glossner, 3D-Druck, Additive Fertigung und Rapid Manufacturing: Rechtlicher Rahmen und unternehmerische Herausforderung, Verlag Franz Vahlen GmbH, München, 2016

Stefan Nitz, 3D-Druck: Der praktische Einstieg, Galileo Press, Bonn, 2015

Christian Rattat, 3D-Druck für Anspruchsvolle: Mit dem Ultimaker perfekte Werkstücke erstellen, dpunkt.verlag, Heidelberg, 2016

Einführungsliteratur in Kostenlos-Software

Thomas Beck, Blender 2.7: Das umfassende Handbuch, Rheinwerk Verlag, Bonn, 2014

Carsten Wartmann, Das Blender-Buch: 3D-Grafik und Animation mit Blender, 5. Auflage, dpunkt.verlag, Heidelberg, 2014

Blender 2.6 – Das umfassende Training (Rheinwerk Verlag, Bonn) ist ein Video-Lehrprogramm (Trainer: Sebastian König), das unter Windows, Linux und Mac OS X läuft

Ebba Steffens, Holger Faust, Jens Lüthje, Einfach SketchUp – Eine Gebrauchsanweisung, 3. Auflage, Sketch-Shop, Köln, 2013

Michael Weigend, 3D-Modellierung mit Google SketchUp für Kids, bhv: eine Marke der Verlagsgruppe Hüthig Jehle Rehm, Heidelberg, München, Landsberg, Frechen, Hamburg, 2010

Wichtig Tagesaktuelle Nachrichten zu 3D-Druck finden Sie auf Deutsch online unter www.3druck.com und www.3d-grenzenlos.de.

Sachverzeichnis

Printed in the United States
By Bookmasters